원문으로 읽는
손자병법 이야기

채일주

원문으로 읽는

손자병법 이야기

초판 1쇄 발행 2024년 1월 1일

지 은 이 채일주
발 행 인 권선복
편   집 한영미
디 자 인 서보미
전 자 책 서보미
발 행 처 도서출판 행복에너지
출판등록 제315-2011-000035호
주   소 (07679) 서울특별시 강서구 화곡로 232
전   화 010-3993-6277
팩   스 0303-0799-1560
홈페이지 www.happybook.or.kr
이 메 일 ksbdata@daum.net
값 20,000원
ISBN 979-11-92486-94-9 (03390)

원문으로
읽는

손자병법
이야기

채일주 지음

孫子兵法

손자병법의 원문을 직접 읽고 곧바로 해석한다

始計
作戰
謀攻
軍形
兵勢
虛實
軍爭
九變
行軍
地形
九地
火攻
用間

도서
출판 행복에너지

이 책의 목적은 많은 군인과 군사학도, 손자병법에 관심을 가진 사람들이 원문을 직접 읽도록 하기 위한 것입니다.

손자병법에 관한 책과 해석은 매우 많은 종류가 있습니다. 그러나 한자에 접근하기가 점점 어려워지는 상황에서 한 글자, 한 글자의 뜻을 알지 못하고 제시된 음만 읽는 경우가 많지요. 글자의 뜻이 궁금한데, 일일이 그것을 다 찾아보기도 어렵습니다. 그리고 해석된 문장을 보더라도, 그 의미를 정확히 전달하는 것인지 의구심이 듭니다.

필자는 육군대학에서 2015년부터 3년간, 학생들에게 과외수업으로 주 1회 손자병법 원문을 강의했습니다. 그 수업방식은 옛날 서당처럼 제가 선창하고 학생들이 후창하는 방식이었는데요, 문구별로 세 번을 읽고, 뜻을 해석하고, 다시 또 세 번을 읽었지요. 그 방법에 대한 반응이 참 좋았습니다. 그렇게 학생들은 원문을 읽고 해석하는 능력을 스스로 키웠습니다.

손자병법을 공부하는 방법은 여러 가지입니다. 어떤 사람들은 문구의 의미와 배경을 더욱 깊이 공부하고, 당시 사용했던 무기와 도구, 편제 등을 세부적으로 공부하는 사람도 있지요. 또 당대의 다른 문헌을 들어서 비교하면서 보는 사람들도 있습니다. 좋은 방법이라고 생각합니다.

그러나 여기서 제가 제시하는 방법은 우선 여러분이 직접 손자병법 원문을 읽고, 해석하는 것입니다. 그것이 되지 않은 상태에서 심화학습을 하는 것은 순서가 좀 바뀌었다는 생각도 듭니다. 그런데 어려운 한자가 문제이지요. 읽기도 어렵고 하나하나 찾기도 번거롭습니다. 해석의 폭도 넓어 다양합니다.

여러분, 한자는 뜻을 표현하는 문자로서 한자의 특성이 그렇습니다. 그래서 여러분들이 한 글자, 한 글자 원문을 직접 읽는다면 여러분들의 느낌 그대로를 신뢰해도 됩니다. 이 책, 저 책마다 해석이 다르고, 인터넷 여러 페이지마다 해석과 음, 뜻이 다 다릅니다. 심지어 출토된 문헌에 따라 한자가 다른 것도 많습니다. 인쇄술이 발달하지 않았던 때에 죽간(竹簡)에 필사해서 전해졌기 때문이지요. 희미한 글자를 판독하기 어려운 것도 있어서 출토된 종류별로, 번역자별로 원문과 해석이 상이합니다.

괜찮습니다. 그것이 조금 다르다고 해서 그것을 누가 틀렸다고 하지 않습니다. 한자 자체가 원래 그렇게 폭넓게 해석할 수 있는 특징을 가지고 있습니다. 그리고 조금 달라도 큰 흐름이 어긋나지 않으면 되니까요. 정확한 의미는 2,500년 전에 저자를 찾아가서 물어보지 않는 이상 알 수 없지요. 다시 말하면, 여러분이 스스로 해석한 것도 괜찮다는 말입니다.

우리가 손자병법을 읽는 이유가 무엇입니까? 옛날 사람들의 지혜를 보고 배워서 나의 삶에 도움이 되기 위한 것이잖아요? 그것을 위한 1차 관문이 여러분 스스로 원문을 읽고 해석하는 것입니다! 그것이 켜켜이 신념화되어 여러분의 삶에 나타나는 것이고요.

여기 수록한 해석과 해설은 저의 해석과 해설입니다. 이 글을 읽는 여러분들은 스스로 원문을 읽어서 스스로 해석과 해설을 할 수 있게 되기를 바랍니다. 그것이 여러분들의 경험과 연륜이 합쳐지면 2,500년 전 손자의 지혜와 여러분이 연결됩니다. 그렇게 된다면 이 글을 쓰고 있는 저도 함께 참으로 기뻐하겠습니다. 꼭 그렇게 되기를 바랍니다.

저자 올림

목차

之 조사 지, 갈 지

❶ ~의, 國之大事(국지대사), 나라의 큰 일
❷ 그것, 經之以五事(경지이오사), 오사로써 그것을 경영한다
❸ 가다, 左之右之(좌지우지), 왼쪽으로 갔다가, 오른쪽으로 갔다가

而 접속사, 말이을 이

❶ 그래서, 而民不詭也(이민불궤야),
　그래서 백성들이 이상하게 여기지 않는다
❷ 그러나, 用而示之不用(용이시지불용), 쓸 수 있으나, 쓸 수 없는 것처럼

於 조사 어

❶ ~에서, 取用於國(취용어국), 다른 나라에서 얻는다
❷ ~에게, 勝於易勝者(승어이승자), 이기기 쉬운 사람에게 승리
❸ ~보다, 莫難於軍爭(막난어군쟁), 군쟁보다 어려운 것이 없다

哉 조사 재

❶ ~하겠는가?, 孰能窮之哉(숙능궁지재) 누가 그것을 다하겠는가?

乎 조사 호

❶ 어떻겠는가? 況於無算乎(황어무산호), 가능성이 없으면 어떻겠는가?
❷ 감탄사, 神乎神乎(신호신호), 신기하고 신기하다!

也 조사 야

❶ ~이다, 知勝之道也(지승지도야), 승리를 아는 길이다

故 옛 고

❶ 예로부터, 故曰(고왈), 예로부터 말하기를
❷ 그러한 이유로, 故經之以五事(고경지이오사), 그러한 이유로 오사로써...

善 착할, 잘할 선

❶ 잘하는, 善用兵者(선용병자), 용병을 잘하는 사람

시계편始計篇 소개

손자병법은 총 13편으로 구성되어 있습니다. 그 중 첫 번째, 시계편을 시작합니다. 시계편은 전쟁을 할지, 말지 결정하는 단계입니다. 전쟁을 잘하거나 못하는 것은 둘째 문제이고, 아예 처음부터 시작할지 말지를 고민해야 한다는 것입니다. 가능성을 따져보았을 때, 가능성이 없거나 적다면 시작조차 하지 않아야 이익이지요. 가치도 없는 것에 무리하게 투자하는 것은 좋지 않습니다.

그 가능성을 따져보는 기준은 오사(五事)와 칠계(七計)입니다. 오사는 도(道), 천(天), 지(地), 장(將), 법(法)이고 칠계는 주숙유도(主孰有道), 장숙유능(將孰有能), 천지숙득(天地孰得), 법령숙행(法令孰行), 병중숙강(兵衆孰強), 사졸숙련(士卒孰練), 상벌숙명(賞罰孰明)입니다. 마지막에는 '병자궤도야(兵者詭道也)'라는 말로 군사·운용의 본질을 언급하며 마무리합니다.

01

시계

始計

孫	子	曰
자손	아들	말할
손	자	왈

└손자가 말하기를

兵	者	國	之	大	事
군사	사람	나라	조사	큰	일
병	자	국	지	대	사

└군사는(전쟁은)   └나라의   └큰 일이다

死	生	之	地
죽을	살	조사	땅
사	생	지	지

└삶과 죽음의   └땅이요

存	亡	之	道
있을	망할	조사	길
존	망	지	도

└존망(생존과 망함)의   └길이니

不	可	不	察	也
아닐	옳을	아닐	살필	조사
불	가	불	찰	야

└불가하다 없다 └살피지 않을 수

故	經	之	以	五
옛	날실	조사	써	다섯
고	경	지	이	오

└그래서 └따져보고   └오사로써

* 천을 짤 때 날실은 세로 기준이 되는 실임

事
일
사

校	之	以	計
비교할	조사	써	계략
교	지	이	계

└비교하여   └계략으로써

而	索	其	情
접속사	찾을	그	뜻
이	색	기	정

└그래서 └찾으니 └그 정세(뜻)를

一	曰	道
한	말할	길
일	왈	도

└제 일은 └길이오

二	曰	天
두	말할	하늘
이	왈	천

└제 이는 └하늘이오

三	曰	地
셋	말할	땅
삼	왈	지

└제 삼은 └땅이오

四	曰	將
넷	말할	장수
사	왈	장

└제 사는 └장수요

五	曰	法
다섯	말할	법
오	왈	법

└제 오는 └법이다.

    손자가 말하기를, 군사 운용은 나라의 큰 일이며, 사생과 존망이 걸린 일이니, 살피지 않을 수 없다. 그래서 오사(五事)로써 따져보고 계(計)로써 비교하여 그 정세를 살펴야 한다. (오사) 제 일은 도이며, 제 이는 하늘이고, 제 삼은 땅이고, 제 사는 장수이고, 제 오는 법이다.

한번 더 생각해보기

가치가 있는 일이어야 노력과 시간을 투자하는 의미가 있습니다.
아무 가치도 없는 곳에 노력과 시간을 투자하면 조직의 구성원들은
허망함을 느끼게 되지요.
만약 공공의 노력과 시간을 투자하는 것이라면 더더욱 공감할 수 있는
가치에 투자해야 합니다.
군사 운용을 하려면 백성들이 공감할 수 있는 어떤 공공의 가치가 있어야
하지요. 그러한 공공의 가치 없이, 전쟁 그 자체만을 추구하는 사람은
전쟁광(狂, 미치광이) 취급을 받을 겁니다.
손자는 시계편 첫머리부터 그것을 경고하고 있습니다.

道 者	令 民 與 上 同 意 也
길 사람	명령 백성 더불 윗 같을 뜻 조사
도 자	영 민 여 상 동 의 야
ㄴ도라는 것은	ㄴ백성을 다스림 ㄴ위와 더불어 ㄴ같은 뜻으로 하는 것

故 可 與 之 死	可 與 之 生
옛 옳을 더불 조사 죽을	옳을 더불 조사 살
고 가 여 지 사	가 여 지 생
ㄴ그래서 ㄴ가히 더불어 ㄴ죽을 수 있고	ㄴ가히 더불어 ㄴ살 수 있다.

而 民 不 詭 也	天 者	陰 陽
접속사 백성 아닐 속일 조사	하늘 사람	응달 볕
이 민 불 궤 야	천 자	음 양
ㄴ그래서 백성이 ㄴ이상하게 여기지 않는다.	ㄴ하늘은	ㄴ음양과

寒 暑 時 制 也	地 者	遠 近
추울 더울 때 제도 조사	땅 사람	멀 가까울
한 서 시 제 야	지 자	원 근
ㄴ춥고 더움, 하늘의 때를 따라 제어하는 것이다.	ㄴ땅은	ㄴ멀고 가까움

險 易 廣 狹 死 生 也	將 者
험할 쉬울 넓을 좁을 죽을 살 조사	장수 사람
험 이 광 협 사 생 야	장 자
ㄴ험하고 평평한 것, 넓고 좁은 것, 막힌 것과 트인 것이다.	ㄴ장수는

智 信 仁 勇 嚴 也	法 者
지혜 믿을 어질 용감할 엄할 조사	법 사람
지 신 인 용 엄 야	법 자
ㄴ지혜, 신뢰, 어짊, 용기, 엄함이다.	ㄴ법은

曲 制 官 道 主 用 也
굽을 제도 벼슬 길 주인 쓸 조사
곡 제 관 도 주 용 야
ㄴ편성과 제도 ㄴ관에서 행해지는 도 ㄴ보급물자 조달이다.

도(道)는 백성과 더불어 같은 뜻으로 다스리는 것이다. 그래서 가히 더불어 죽기도 하고 살기도 하고 그것을 백성이 이상하게(속임수로) 여기지 않는다. 천(天)은 음양, 한서, 시제이다. 땅은 원근, 험이, 광협, 사생의 종류가 있다. 장수는 지신인용엄을 갖추어야 한다. 법은 곡제, 관도, 주용을 말한다.

한번 더 생각해보기

도(道)가 행해지는 상태는 리더가 세상의 이치에 따라 합리적으로 다스리는 것을 말합니다. 인의(仁義)를 바탕으로 다스리는 거지요. 그래서 그 안에 있는 사람들도 살기 좋고, 위기가 다가오면 모두 힘을 합쳐 죽기를 각오하고 막아냅니다. 백성의 이익이 나라의 이익이니, 당연히 왕도 그것이 이익이지요. 만약 왕의 이익이 백성의 이익과 다르다면, 죽음을 무릅쓴 희생을 요구한다고 했을 때, 백성들이 그것에 공감하고 따르겠습니까? 어느 조직이나 다 마찬가지입니다.

소대에서도 소대장이 자기 이익만을 추구하면 소대원들이 그것을 괴이하게 여기고 따르지 않습니다. 어떤 것을 위해 지휘할지, 많은 고민이 필요합니다. 나이를 많이 먹고 경험이 많다고 이것을 다 아는 것도 아니고, 나이가 적다고 모르는 것도 아닙니다. 아는 사람은 알지요. 그것을 아는 사람 밑에 있는 부하들은 참 행복하다 하겠습니다.

凡 此 五 者 ｜ 將 莫 不 聞 ｜ 知

무릇 이 다섯 사람 ｜ 장수 없을 아닐 들을 ｜ 알
범 차 오 자 ｜ 장 막 불 문 ｜ 지

ㄴ무릇 이 다섯 가지는 ｜ ㄴ장수가 ㄴ없다 ㄴ듣지 못한

之 者 勝 ｜ 不 知 者 不 勝 ｜ 故

조사 사람 이길 ｜ 아닐 알 사람 아닐 이길 ｜ 옛
지 자 승 ｜ 부 지 자 불 승 ｜ 고

* ㄷ,ㅈ 앞에서는 '불→부'

ㄴ아는 사람은 ㄴ이기고 ｜ ㄴ모르는 사람은 ㄴ이기지 못한다 ｜ ㄴ그래서

校 之 以 計 ｜ 而 索 其 情 ｜ 曰

비교할 조사 써 꾀 ｜ 접속사 찾을 그 뜻 ｜ 말할
교 지 이 계 ｜ 이 색 기 정 ｜ 왈

ㄴ그것을 비교하고 ㄴ계로써 ｜ ㄴ그래서 ㄴ그 정세를 살핀다. ｜ ㄴ말하기를

主 孰 有 道 ｜ 將 孰 有 能 ｜ 天

주인 누구 있을 길 ｜ 장수 누구 있을 능할 ｜ 하늘
주 숙 유 도 ｜ 장 숙 유 능 ｜ 천

ㄴ임금이 누가 ㄴ더 도를 행하느냐 ｜ ㄴ장수는 누가 ㄴ더 유능한가

地 孰 得 ｜ 法 令 孰 行 ｜ 兵 衆

땅 누구 얻을 ｜ 법 영 누구 행할 ｜ 군사 무리
지 숙 득 ｜ 법 령 숙 행 ｜ 병 중

ㄴ천지는 누가 더 득했나 ｜ ㄴ법령은 ㄴ누가 더 잘 행하나 ｜ ㄴ군사의 무리는

孰 强 ｜ 士 卒 孰 練 ｜ 賞 罰 孰 明

누구 강할 ｜ 선비 군사 누구 익힐 ｜ 상줄 죄 누구 밝을
숙 강 ｜ 사 졸 숙 련 ｜ 상 벌 숙 명

ㄴ누가 더 강한가 ｜ ㄴ사졸은 ㄴ누가 더 숙련되었나 ｜ ㄴ상벌은 누가 더 명확한가

吾 以 此 知 勝 負 矣

나 써 이 알 이길 질 조사
오 이 차 지 승 부 의

ㄴ나는 이것으로써 ㄴ승부를 알 수 있다

무릇 이 다섯 가지를 듣지 못한 장수는 없을 것이다. 아는 사람은 승리하고, 모르는 사람은 승리하지 못한다. 그래서 계로써 그것을 비교하여 정세를 살핀다. (일곱가지) ❶ 임금은 누가 더 도를 잘 행하는가? ❷ 장수는 누가 더 유능한가? ❸ 천지는 누가 더 습득하여 잘 이용하는가? ❹ 법령은 누가 더 잘 행해지는가? ❺ 병중은 누가 더 강한가? ❻ 사졸은 누가 더 숙련되어 있는가? ❼ 상벌은 누가 더 명확한가? 나는 이것을 보아서 승부를 미리 알 수 있다.

한번 더 생각해보기

앞에서 경(經)은 날실이라고 했습니다. 물레에서 천을 짤 때 기준이 되는 세로 실이지요. 도천지장법(道天地將法)이었습니다. 그것을 기준으로 실제 행하는 비교 방법, 계(計)를 제시하고 있습니다. 마지막에 보면 상벌이 명확해야 한다고 합니다. 조직을 관리하면서 칭찬을 많이 하는 것은 좋습니다. 그러나 그 칭찬이 위화감이 되는 상황에서는 좋지 않겠지요. 또한 칭찬하는데 진정성이 느껴지지 않거나, 표창을 너무 남발하여 가치가 떨어지게 되면 그것도 좋지 않습니다.

벌을 주는 것도 마찬가지입니다. 무조건 규정과 방침을 내세우며 조금이라도 어긋나면 처벌하겠다고 하는 것은 조직원들에게 더러운 기분만을 안겨줄 뿐입니다. 리더의 지휘철학이 먼저 제시되고, 계도과정이 있어야 하고, 그럼에도 불구하고 위반을 한다면 읍참마속(泣斬馬謖)의 심정으로 일벌백계하는 것이지요.

將	聽	吾	計
장수	들을	나	꾀
장	청	오	계

ㄴ장수가 들어　ㄴ나의 계(計)를

用	之	必	勝
쓸	조사	반드시	이길
용	지	필	승

ㄴ그것을 쓰면　ㄴ반드시 이기고

留	之
머물	조사
류	지

ㄴ머물 것이다.

將	不	聽	吾	計
장수	아닐	들을	나	꾀
장	불	청	오	계

ㄴ장수가 듣지 않아　ㄴ나의 계(計)를

用	之	必	敗
쓸	조사	반드시	무너질
용	지	필	패

ㄴ그것을 쓰면　ㄴ반드시 패하고

去
갈
거

之
조사
지

ㄴ갈 것이다.

計	利	以	聽
꾀	이로울	써	들을
계	리	이	청

ㄴ이득을 계산하여　ㄴ들음으로써

乃	爲	之	勢
이에	할	조사	기세
내	위	지	세

ㄴ이에 만들어　ㄴ기세로

以	佐	其	外
써	도울	그	바깥
이	좌	기	외

ㄴ그것으로써 돕는다　ㄴ그 밖으로(행동)

勢	者
기세	사람
세	자

ㄴ세라는 것은

因	利	而	制
인할	이로울	접속사	제어할
인	리	이	제

ㄴ이득으로 인해　ㄴ제어하는

權	也
저울추	조사
권	야

ㄴ주도권을 잡아가는 것이다

　장수가 나의 계(計)를 들어 전투하면 반드시 승리할 것이고 나는 그와 머물 것이다. 그러나 장수가 나의 계를 듣지 않고 전투하면 반드시 패할 것이고, 나는 그를 떠날 것이다. 잘 들어서 이득이 되는 부분을 기세로 만들어서(스스로 체득하여) 그것으로써 밖으로 돕도록 한다.(행동으로 옮긴다) 세(勢)는 이득으로 인해 주도권을 잡아가는 것이다.

한번 더 생각해보기

공부를 많이 하고 고민도 많이 해야 합니다. 많은 사람의 이야기를 듣고 거기에서 이롭고 좋은 말을 선택해야 합니다. 어렸을 때부터 그렇게 해 온 사람들은 그것이 신념이 되지요. 그 신념은 성장할수록 그 사람의 지경을 넓히는 언행으로 표현됩니다. 머리로만 아는 지식은 머리에서 그치지만 가슴과 온 마음으로 신념화된 지식은 자연스러운 언행으로 발현됩니다. 그것이 그 사람의 기세라고 저는 생각합니다. 무엇인지 말로 설명할 수 없지만 그 사람의 후광과 비슷한 '아우라(aura)'가 되지요. 여기에서는 세(勢)를 이렇게 말합니다. 이득이 되는 것으로 인해서 주도권을 잡아가는 것이지요. 여러분은 손자병법을 왜 읽습니까? 여러분만의 세(勢)를 만들기 바랍니다.

兵者
군사 / 사람
병 / 자
ㄴ군사 운용은

詭道也
속일 / 길 / 조사
궤 / 도 / 야
ㄴ속이는 것이다

故能而示之
옛 / 능할 / 접속사 / 보일 / 조사
고 / 능 / 이 / 시 / 지
ㄴ그래서 능하면서도 / ㄴ보이게

不能
아닐 / 능할
불 / 능
ㄴ불능한 것으로

用而示之不用
쓸 / 접속사 / 보일 / 조사 / 아닐 / 쓸
용 / 이 / 시 / 지 / 불 / 용
ㄴ용하면서도 / ㄴ보이게 / ㄴ불용한 것으로

近而
가까울 / 접속사
근 / 이
ㄴ가까우면서도

示之遠
보일 / 조사 / 멀
시 / 지 / 원
ㄴ보이게 / ㄴ멀리

遠而示之近
멀 / 접속사 / 보일 / 조사 / 가까울
원 / 이 / 시 / 지 / 근
ㄴ멀면서도 / ㄴ보이게 / ㄴ가깝게

利而
이로울 / 접속사
이 / 이
ㄴ이롭게 보여서

誘之
유인할 / 조사
유 / 지
ㄴ유인하고

亂而取之
어지러울 / 접속사 / 취할 / 조사
난 / 이 / 취 / 지
ㄴ어지러우면 / ㄴ그것을 취하고

實而備之
가득찰 / 접속사 / 갖출 / 조사
실 / 이 / 비 / 지
ㄴ튼실하면 / ㄴ대비를 갖추고

強而避之
굳셀 / 접속사 / 피할 / 조사
강 / 이 / 피 / 지
ㄴ강하면 / ㄴ피하고

怒而橈之
성낼 / 접속사 / 꺾일 / 조사
노 / 이 / 요 / 지
ㄴ성내면 / ㄴ꺾이게 하고

卑而
낮을 / 접속사
비 / 이
ㄴ낮추어서

驕之
교만할 / 조사
교 / 지
ㄴ교만하게 하고

佚而勞之
편안할 / 접속사 / 일할 / 조사
일 / 이 / 노 / 지
ㄴ편안하면 / ㄴ수고롭게 하고

親而離之
친할 / 접속사 / 떼놓을 / 조사
친 / 이 / 리 / 지
ㄴ친하면 / ㄴ떼어놓고

攻其無備
공격할 / 그 / 없을 / 갖출
공 / 기 / 무 / 비
ㄴ공격하고 / ㄴ대비가 없는 곳을

出其不意
날 / 그 / 아닐 / 뜻
출 / 기 / 불 / 의
ㄴ진군한다 / ㄴ뜻하지 않은 곳에

此兵
이 / 군사
차 / 병
ㄴ이것이

家之勝
집 / 조사 / 이길
가 / 지 / 승
ㄴ군사의 승리가

不可先傳也
아닐 / 옳을 / 먼저 / 전할 / 조사
불 / 가 / 선 / 전 / 야
ㄴ아니다 / ㄴ먼저 전할 수 있는 것이

군사 운용의 본질은 속이는 것이다. 그래서 할 수 있지만 할 수 없는 것처럼 보이도록 하고, 할 수 없지만 할 수 있는 것처럼 보이게 한다. 쓸 수 있으나 쓸 수 없는 것처럼 보이고, 쓸 수 없으나 쓸 수 있는 것처럼 보이게 한다. 가깝지만 먼 것처럼 보이게 하고 멀지만 가깝게 보이게 한다. 이롭게 보여서 유인하고, 적이 어지러우면 그것을 (쳐서) 취하고, 적이 튼실하면 (치지 말고) 대비한다. 적이 강하면 피하고, 적이 성내면 (더욱 흔들어) 그르치게 한다. 나의 자세를 낮추어 상대를 교만에 빠지게 하고, 편안하면 수고롭게 하며, 친하면 떼어 놓는다. 대비가 없는 곳을 공격하고 뜻하지 않은 곳에 진군한다. 이 군사 운용의 승리는 먼저 알려지면 안 된다.

한번 더 생각해보기

군사 운용의 본질은 속임수라고 합니다. 통상적인 의미의 속임수는 나쁜 것을 말합니다. 그것을 여기서는 이렇게 이야기를 하고 있네요.
손자의 견지에서, 대의가 옳다면 속임수를 쓰는 것도 괜찮다는 것입니다.
어떤 사람들은 전쟁의 부정적인 측면을 강조하면서 사회악이라고 합니다.
그러나 국가와 국민, 재산을 지키기 위해서 싸우는 군인들은 속임수를 쓰더라도 전쟁을 승리로 이끌어야 합니다. 군사 운용에서 오히려 속임수 아닌 것이 없습니다. 적에게 우리 계책을 정직하게 드러내놓고 하는 전투를 어떻게 이기겠습니까? 이것이 손자의 시각입니다.

夫 未 戰 而 廟 算 勝 者 | 得 算

대저 아닐 싸울 접속사 사당 셀 이길 사람 | 얻을 셀
부 미 전 이 묘 산 승 자 | 득 산

└ 대체로 └ 싸우지 않고 └ 묘당에서 계산하여 └ 이기는 것은 └ 이길 가능성이

多 也 | 未 戰 而 廟 算 不 勝 者

많을 조사 | 아닐 싸울 접속사 사당 셀 아닐 이길 사람
다 야 | 미 전 이 묘 산 불 승 자

└ 많은 것이다 └ 싸우지 않고 └ 묘당에서 계산하여 └ 이기지 못하는 것은

得 算 少 也 | 多 算 勝 | 少 算

얻을 셀 적을 조사 | 많을 셀 이길 | 적을 셀
득 산 소 야 | 다 산 승 | 소 산

└ 이길 가능성이 적은 것이다 └ 가능성이 많으면 이기고 └ 가능성이 적으면

不 勝 | 而 況 於 無 算 乎 | 吾 以

아닐 이길 | 접속사 하물며 조사 없을 셀 조사 | 나 써
불 승 | 이 황 어 무 산 호 | 오 이

└ 이기지 못한다 └ 그리고 하물며 └ 가능성이 없으면 어쩌겠는가? └ 나는 이로써

此 觀 之 | 勝 負 見 矣

이 볼 조사 | 이길 질 볼 조사
차 관 지 | 승 부 견 의

└ 꿰뚫어보아 └ 승부를 알 수 있다.

해석

대체로 보아서, 싸우지 않고 사당에서 계산하여 이길 수 있다고 하는 것은 가능성이 많은 것이다. 싸우지 않고 사당에서 계산하여 이기지 못함은 가능성이 작은 것이다. 가능성이 크면 이기고, 가능성이 작으면 이기지 못하는데, 하물며 가능성이 없다면 어떻겠는가? 나는 이로써 승부를 알 수 있다.

한번 더 생각해보기

처음 시작하는 것을 보면, 그 일이 어떻게 진행되는지 가늠할 수 있는 상황이 있습니다. 그 방향이 가치 있는 성과를 거두는 방향으로 향하지 않는 것이라면 아예 시작하지 않는 것이 좋습니다.

전쟁이라는 큰일을 준비하고 추진하는데, 처음 계획을 하는 시계(始計)에서부터 오사(五事)와 칠계(七計)로 잘 따져야 한다고 했지요. 그렇게 따져서 싸우기도 전에 이미 이길 수 있는지 없는지 알 수 있다는 것입니다. 가능성이 작아서 이길 수 없거나, 아예 가능성이 없는데 무리하게 전쟁을 도모하는 것은 부질없는 짓이라는 거지요. 그리고 어떤 일을 하기 전에 미리 그 가치와 성과를 따져보고 하라는 말도 됩니다. 이 글을 읽는 여러분이 어떤 노력과 시간을 투자하고자 한다면, 시작하기 전에 그 결과와 성과를 잘 따져보세요. 결과와 성과에 대해 따져보지도 않고 노력과 시간을 투자했다가는 낭패를 당할 수 있습니다.

孫子兵法 始計篇 第一 挑戰!

孫子曰 兵者國之大事 死生之地 存亡之道 不可不察也

故經之以五事 校之以計 而索其情 一曰道 二曰天 三曰地

四曰將 五曰法

道者 令民與上同意也 故可與之死 可與之生 而民不詭也

天者 陰陽寒暑時制也 地者 遠近險易廣狹死生也 將者

智信仁勇嚴也 法者 曲制官道主用也

凡此五者 將莫不聞 知之者勝 不知者不勝 故校之以計

而索其情

曰 主孰有道 將孰有能 天地孰得 法令孰行 兵眾孰強

士卒孰練 賞罰孰明 吾以此知勝負矣

將聽吾計 用之必勝 留之 將不聽吾計 用之必敗 去之

計利以聽 乃爲之勢 以佐其外 勢者 因利而制權也

兵者 詭道也 故能而示之不能 用而示之不用 近而示之遠

遠而示之近 利而誘之 亂而取之 實而備之 強而避之

怒而撓之 卑而驕之 佚而勞之 親而離之 攻其無備

出其不意 此兵家之勝 不可先傳也 夫未戰而廟算勝者

得算多也 未戰而廟算不勝者 得算少也 多算勝 少算不勝

而況於無算乎 吾以此觀之勝負見矣

筆　記

작전편作戰篇 소개

작전편은 지을 작(作), 싸울 전(戰), 싸움을 짓는 것, 즉 전쟁을 수행하는 것을 말합니다. 손자는 여기서 전쟁에 드는 비용이 막대하고, 무리한 전쟁이 오래되면 발생하는 폐단에 대해 언급하지요. 그래서 병문졸속(兵聞拙速)이라고 하면서 군사 운용은 짧게 해야 한다고 강조합니다.

그리고 뒷부분에서 폐단에 대한 해결책을 제시합니다. 역부재적(役不再籍), 양불삼재(糧不三載), 병역을 두 번 하지 않고 식량을 세 번 싣지 않는다고 합니다. 그것을 가능하게 하는 것은 지장무식어적(智將務食於敵)이지요. 지혜로운 장수는 현지에서 가능한 모든 것을 조달하려 노력한다는 것입니다. 그래서 적병과 전차, 식량과 말먹이까지 현지에서 획득하는 것이 좋다고 하지요. 결국 전쟁을 오래 끌지 않고 국가의 이익을 보전하는 장수가 국가와 민족의 사명을 담당할 수 있다고 합니다.

02

작전

作戰

孫 子 曰　｜　凡 用 兵 之 法

자손	아들	말할		무릇	쓸	군사	조사	법
손	자	왈		범	용	병	지	법

└손자가 말하기를　　└무릇 └군사를 운용하는　　└법은

馳 車 千 駟　｜　革 車 千 乘

달릴	수레	일천	사마		가죽	수레	일천	탈
치	차	천	사		혁	차	천	승

└치차(공격형 수레) └천 대('사'는 단위)와　　└혁차(가죽으로 씌운 수레) └천 대('승'은 단위)

帶 甲 十 萬　｜　千 里 饋 糧

띠	껍질	열	일만		일천	마을	먹일	양식
대	갑	십	만		천	리	궤	량

└갑옷으로 무장한 └십만 군사　　└천리에 └식량을 조달하여

則 內 外 之 費　｜　賓 客 之 用

곧	안	밖	조사	쓸		손님	손님	조사	쓸
즉	내	외	지	비		빈	객	지	용

└그래서 안팎으로 └비용과　　└손님맞이 └비용과

膠 漆 之 材　｜　車 甲 之 奉

아교	옻	조사	재료		수레	껍질	조사	받들
교	칠	지	재		차	갑	지	봉

└아교와 칠하는 └재료들　　└수레와 갑옷에 드는 └비용

日 費 千 金　｜　然 後 十 萬 之 師

날	쓸	일천	쇠		그러할	뒤	열	일만	조사	군사
일	비	천	금		연	후	십	만	지	사

└하루의 비용이 └천금이니　　└그러한 뒤에 └십 만 군사가

擧 矣

들	조사
거	의

└출동할 수 있다

해석

　손사가 말하기를, 무릇 군사력을 운용하는 깃은 공격형 수레가 천 대, 보급 수레가 천 대, 갑옷 입고 무장한 군사가 십만, 천 리에 걸쳐 식량을 조달하는 안팎의 비용, 손님을 맞는 비용, 수리에 필요한 재료, 수레와 갑옷에 드는 비용 등 일일 천금이 사용된 연후에 십만 군사가 출정할 수 있다.

한번 더 생각해보기

시계편에서 처음 계획할 때부터 면밀히 잘 판단해야 한다고 했습니다. 그리고 이어서 작전편에서는 첫 마디부터 군사력 출동에 필요한 비용을 하나하나 열거하고 있습니다. 당시 전국시대 상황이 너무 무분별하게 전쟁을 많이 했던 시기라서, 손자는 아마도 이러한 시각을 가지고 있는 것 같습니다.

임금님 입장이라면 언제까지 출정을 준비하라는 말 한마디 지시하는 것은 간단한 일이지요. 그러나 그것이 그렇게 말처럼 쉬운 것이 아니라는 것입니다. 그래서 리더는 말 한마디를 하더라도, '내가 하는 말이 너무 무리가 되는 것은 아닌가? 내가 지금 이 말을 하는 것이 적절한가?' 깊이 생각해야 합니다. 그리고 그런 말을 할 때는 주변의 조언을 잘 들어서 해야 합니다. 작전편 내내 손자는 전쟁으로 인한 폐해를 이야기하고 있는데요, 계속 보겠습니다.

其 用 戰 也

그	쓸	싸울	조사
기	용	전	야

└그 사용이   └전투를 하는

勝 久 則 鈍 兵 挫 銳

이길	오랠	곧	무딜	군사	꺾을	날카로울
승	구	즉	둔	병	좌	예

└승리를 오래 끌면 └군사력이 무뎌지고 날카로움이 꺾인다.

攻 城 則 力 屈

칠	성	곧	힘	굽을
공	성	즉	력	굴

└성을 공격하면   └힘이 빠진다

久 暴 師 則 國 用

오랠	드러낼	군사	곧	나라	쓸
구	폭	사	즉	국	용

└오래 드러내면   └군사를 └나라의 씀씀이가

不 足

아닐	충분할
부	족

└ 부족해진다.

夫 鈍 兵 挫 銳

대저	무딜	군사	꺾을	날카로울
부	둔	병	좌	예

└ 대체로 군사력이 무뎌지고 날카로움이 꺾여

屈 力 殫

굽을	힘	다할
굴	력	탄

└.힘이 빠지고

貨

재화
화

└재물이 다하면

則 諸 侯 乘 其 弊 而 起

곧	모두	제후	탈	그	폐단	접속사	일어날
즉	제	후	승	기	폐	이	기

└제후들이   └폐단에 편승하여   └일어나니

雖 有 智 者

비록	있을	지혜	사람
수	유	지	자

└비록 있더라도 └지혜로운 자가

不 能 善 其 後 矣

아닐	능할	잘할	그	뒤	조사
불	능	선	기	후	의

└할수 없다 └잘 └그 뒤를

선투하는데 승리하기까지 오래 끌면 군사력이 무더지고 날카로움이 꺾인다. 성을 공격하면 전투력이 소진되고 군사를 오래 운용하면 나라의 비용이 부족해진다.

대체로 군사력이 무뎌지고 날카로움이 꺾이며 전투력이 소진되고 재화가 없어지면 제후들이 그 폐단을 틈타 일어난다. 그러면 비록 지혜로운 자라도 뒷감당을 잘할 수 없다.

한번 더 생각해보기

전투에서 승리를 추구하는 사람은 그 비용과 가치를 잘 따질 수 있어야 합니다. 어떤 위협에 대해 준비가 필요해서 태세를 높여놓으면 태세가 높아진 만큼 피로가 가중됩니다. 태세가 높을수록 더욱 그렇지요. 그래서 적절한 태세를 유지하고 피로도를 고려해서 강도와 시기를 탄력적으로 조정해주어야 합니다.

그것을 적절하게 조정하지 못하고 무리하게 운용하면서 나라의 예산이 부족할 정도로 심각한 수준에 이르면, 많은 폐단이 일어나고, 제후들이 봉기해서 결국 왕권을 온전하게 유지하지 못합니다. 그러니 다음에 바로 병문졸속(兵聞拙速)이라는 말이 이어지지요.

故 兵 聞 拙 速
옛 군사 들을 옹졸할 빠를
고 병 문 졸 속
ㄴ예로부터 ㄴ군사 운용은 짧게 한다고 들었다

未 睹 巧 之 久 也
아닐 볼 공교할 조사 오랠 조사
미 도 교 지 구 야
ㄴ보지 못했다 ㄴ공교한 것을 ㄴ오래 끌어서

夫 兵 久 而 國 利 者
대저 군사 오랠 접속사 나라 이로울 사람
부 병 구 이 국 리 자
ㄴ대체로 군사운용이 오래되어 ㄴ국가에 이익이 되는 것은

未 之 有 也
아닐 조사 있을 조사
미 지 유 야
ㄴ(그런 일은) 있지 않았다

故 不 盡 知 用 兵 之 害 者
옛 아닐 다할 알 쓸 군사 조사 해로울 사람
고 부 진 지 용 병 지 해 자
ㄴ예로부터 ㄴ다 알지 못하는 ㄴ군사 운용의 ㄴ해로움을 ㄴ사람

則 不
곧 아닐
즉 불
ㄴ곧 다 알지

能 盡 知 用 兵 之 利 也
능할 다할 알 쓸 군사 조사 이로울 조사
능 진 지 용 병 지 리 야
ㄴ못한다 ㄴ군사 운용의 이로움을

善 用
잘할 쓸
선 용
ㄴ잘하는 사람

兵 者
군사 사람
병 자
ㄴ군사 운용을

役 不 再 籍
부릴 아닐 두 장부
역 부 재 적
ㄴ징병을 ㄴ두 번하지 않는다

糧 不 三 載
양식 아닐 셋 실을
양 불 삼 재
ㄴ식량 징발을 세 번하지 않는다

取 用 於 國
취할 쓸 조사 나라
취 용 어 국
ㄴ쓸 것을 취한다 ㄴ다른 나라에서

因 糧 於 敵
인할 양식 조사 원수
인 량 어 적
ㄴ양식을 얻는다 ㄴ적으로부터

故 軍
옛 군사
고 군
ㄴ그래서

食 可 足 也
먹을 옳을 충분할 조사
식 가 족 야
ㄴ군사가 먹을 것이 충분하다.

해석

　예로부터 군사 운용은 짧게 한다는 말을 들었으나 오래 끌어서 정교하고 잘한다는 것은 보지 못했다. 대체로 군사 운용이 오래되어 국가에 이익이 되는 일은 없었다.

　그래서 군사 운용의 해로움을 다 알지 못하는 자는 군사 운용의 이로움도 알지 못한다. 군사 운용을 잘하는 사람은 병사를 징집해도 두 번 하지 않으며 양식을 징발해도 세 번 하지 않는다. 다른 나라에서 필요한 것을 취하고, 적에게서 식량을 빼앗아 군사가 먹을 것이 충분하게 한다.

한번 더 생각해보기

역부재적(役不再籍), 양불삼재(糧不三載)라는 말이 나옵니다. 초급 간부들일수록 이런 일이 있지요. 어떤 작업을 하기 위해 다 집합을 시켜놓고, 그제야 필요한 것을 생각나는 대로 이야기하는 겁니다. 필요한 도구와 자재를 각각 창고 종류별로 가서 가져와야 하고, 창고 열쇠를 다 받아서 다녀와야 하니, 시간이 걸리지요. 다 가져오면 그나마 준비가 되는데, 무엇을 안 가져왔다고 나무라면서 또 가게 합니다. 같은 것을 하더라도 참 힘들고 짜증나지요. 기다리는 사람들은 많은 시간을 기다리고요. 리더가 미리 생각해서 몇 사람에게 도구와 자재를 가져오게 하고 그 시간에 맞춰 집합을 시키면 얼마나 좋겠어요? 군사 운용을 하더라도 고통을 두 배, 세 배로 가중하지 않고, 효율적인 방법을 모색해야 합니다.

國	之	貧	於	師	者	遠	輸	遠	輸	則
나라	조사	가난할	조사	군사	사람	멀	나를	멀	나를	곧
국	지	빈	어	사	자	원	수	원	수	즉

ㄴ국가가 가난한 것　ㄴ군사로 인해서　ㄴ멀리 수송하는 것　ㄴ멀리 수송하면

百	姓	貧	近	於	師	者	貴	賣
일백	겨레	가난할	가까울	조사	군사	사람	귀할	팔
백	성	빈	근	어	사	자	귀	매

ㄴ백성이 가난해진다　ㄴ군사에 가까운 곳은　ㄴ매매가 귀해진다(물가가 오름)

貴	賣	則	百	姓	財	竭	財	竭	則
귀할	팔	곧	일백	겨레	재물	다할	재물	다할	곧
귀	매	즉	백	성	재	갈	재	갈	즉

ㄴ매매가 귀해지면　ㄴ백성의 재물이 다하게 된다　ㄴ재물이 다하면

急	於	丘	役	力	屈	財	殫	中	原
급할	조사	언덕	부릴	힘	굽을	재물	다할	가운데	근원
급	어	구	역	역	굴	재	탄	중	원

ㄴ급해진다　ㄴ부역 동원에　ㄴ힘이 다하고　ㄴ재물이 다하면　ㄴ중원에

內	虛	於	家	百	姓	之	費	十	去
안	빌	조사	집	일백	겨레	조사	쓸	열	갈
내	허	어	가	백	성	지	비	십	거

ㄴ안이 비게 된다　ㄴ집들마다　ㄴ백성의 비용이　ㄴ열중에

其	七	公	家	之	費	破	車	罷	馬
그	일곱	공적인	집	조사	쓸	깨뜨릴	수레	그칠	말
기	칠	공	가	지	비	파	차	파	마

ㄴ일곱이요,　ㄴ관가의 비용은　ㄴ깨진 수레와 지친 말

甲	冑	弓	弩	戟	盾	矛	櫓	丘	牛
겹질	투구	활	쇠뇌	창	방패	창	방패	언덕	소
갑	주	궁	노	극	순	모	로	구	우

ㄴ갑옷과 활, 화살　ㄴ창과 방패 등 각종 무기들과　ㄴ소가 끄는

大	車	十	去	其	六
큰	수레	열	갈	그	여섯
대	차	십	거	기	육

ㄴ큰 수레 등　ㄴ열 중에　ㄴ여섯이 된다.

국가가 군사로 인해 가난한 것은 멀리 수송하기 때문이다. 멀리 수송하면 백성이 가난해진다. 군사 가까운 곳에서는 매매가 귀해지고(물가가 오르고) 그 결과 백성의 재물이 다하게 된다. 재물이 다하게 되면 부역을 동원하는데 급급한다. 힘과 재물이 다하고 중원 내 집집마다 재산이 없는 것은 백성이 부담하는 비용이 열 중에 일곱이라는 것이다. 관가의 비용은 깨진 수레와 지친 말, 갑옷, 활과 화살, 창과 방패, 소가 끄는 큰 수레 등 열 중에 여섯이다.

한번 더 생각해보기

무리하게 전쟁을 준비하면서 생기는 참상을 손자가 상세하게 기록하고 있습니다. 국가가 각 가정의 수입 중 70%를 전쟁 준비로 가져가는 상황은 참으로 어려운 상황이겠지요. 현대 사회에서는 상상하기 어렵습니다. 그렇게 해서 물가도 비싸지고, 집안 곳간이 텅텅 비고 그러면 부역(負役, 국민이 부담하는 공역)으로라도 그것을 대신하려 하는 거지요.
어떤 일을 추진하면서 부하들의 어려움을 잘 살펴야 합니다. 공감 능력이 없는 리더는 '이게 뭐가 힘드냐?'라고 이야기합니다. 웬만하면 그런 이야기하지 않는 것이 좋습니다. 도움될 것이 없거든요. 조직이 힘들어서 파탄나는데 그것을 신경 쓰지 않는 리더는 좋은 리더가 아닙니다. 그리고 듣는 사람이 배신감을 느끼게 하는 유체이탈 화법도 좋지 않지요. 이런 처참한 상황이 되도록 전쟁 준비에만 몰두하는 리더에 대해 손자가 조목조목 따져 이야기하고 있습니다.

故 智 將 務 食 於 敵 ｜ 食 敵 一 鐘

옛	지혜	장수	힘쓸	먹을	조사	원수	먹을	원수	한	쇠북
고	지	장	무	식	어	적	식	적	일	종

└예로부터 └지혜로운 장수는 └먹을 것을 힘씀 └적에게서 └적의 식량을 빼앗음 └단위

當 吾 二 十 鐘 ｜ 芑 稈 一 石 ｜ 當

당할	나	두	열	쇠북	풀이름	볏짚	한	돌	당할
당	오	이	십	종	기	간	일	석	당

└해당한다 └나의 └20종 └말먹이 └단위 └해당

吾 二 十 石 ｜ 故 殺 敵 者 怒 也

나	두	열	돌	옛	죽일	원수	사람	성낼	조사
오	이	십	석	고	살	적	자	노	야

└나의 └이십 석 └그래서 └적을 죽이는 것은 └적개심이고

取 敵 之 利 者 貨 也 ｜ 故 車 戰 得

취할	원수	조사	이로울	사람	재화	조사	옛	수레	싸울	얻을
취	적	지	리	자	화	야	고	차	전	득

└적에게 취하는 것 └이로움을 └재물을 주기 때문이다 └전차전에서 └얻으면

車 十 乘 以 上 ｜ 賞 其 先 得 者 而

수레	열	탈	써	윗	상줄	그	먼저	얻을	사람	접속사
차	십	승	이	상	상	기	선	득	자	이

└수레 └열 대(승, 단위) 이상 └상을 준다 └먼저 획득한 자를 └그리고

更 其 旌 旗 ｜ 車 雜 而 乘 之 ｜ 卒 善

고칠	그	기	깃발	수레	섞을	접속사	탈	조사	군사	착할
경	기	정	기	차	잡	이	승	지	졸	선

└바꿔달아서 └그 깃발을 └전차를 섞어서 └(아군에) 편성하고 └병사를 가려

而	養	之	是	謂	勝	敵	而	益	强	故
접속사	기를	조사	옳을	이를	이길	원수	접속사	더할	강할	옛
이	양	지	시	위	승	적	이	익	강	고

└기른다(아군의 병사로 만든다)　└이를 이르러　└적에게 이길수록　└더욱 강해진다

兵	貴	勝	不	貴	久	故	知	兵	之	將
군사	귀할	이길	아닐	귀할	오랠	옛	알	군사	조사	장수
병	귀	승	불	귀	구	고	지	병	지	장

└군사운용은 승리가 중요　└귀하지 않다　└오래 끄는 것　└군사운용을 아는　└장수

民	之	司	命	國	家	安	危	之	主	也
백성	조사	맡을	목숨	나라	집	편안할	위태할	조사	주인	조사
민	지	사	명	국	가	안	위	지	주	야

└백성의 사명　└국가 안위를 담당할 수 있는 주인이다.

해석

　예로부터 지혜로운 장수는 적에게서 식량을 빼앗는 것을 힘쓴다. 적의 식량 일 종은 나의 식량 이십 종에 해당하고 적의 말먹이 일 석은 나의 이십 석에 해당한다. 그래서 적을 죽이는 것은 적개심이고, 적에게서 이로움을 취하는 것은 재물을 주기 때문이다. 전차전에서 적 전차 열 대 이상을 얻으면 먼저 얻은 자를 상을 주고 그 깃발을 바꿔 달아 차를 아군과 섞어 편성한다. 적 병사는 잘 선별하여 기른다.(아군으로 편성한다)

　이것을 이르러 적을 이길수록 강해진다고 하는 것이다. 그래서 군사 운용은 승리하는 것이 중요하며, 오래 끄는 것이 중요하지 않다. 이것을 아는 장수가 백성의 사명과 국가 안위를 담당할 수 있는 사람이다.

작전편의 반전입니다. 전쟁을 수행하는 것이 막대한 비용을 초래한다는
이야기를 처음부터 해왔지요. 그래서 이런 폐해가 미치는 영향에 대해서도
소상하게 이야기를 했습니다. 전쟁을 준비하는 국가의 약점이기도 하고,
위협도 될 수 있는 부분이지요. 식량을 적에게서 취함으로써 약점을 오히려
강점으로, 호기로 만듭니다.
우리가 살아가면서 불비하고 불편한 상황이 조성될 때가 많습니다. 힘들고
짜증이 날 수도 있지만, 그것을 잘 극복하면 나의 능력이 더욱 배가됩니다.
어려움을 겪을수록 강해지는 것이지요.
군사 운용의 본질은 승리하는 것이지, 오래 끄는 것이 아니라고 합니다.
전쟁을 화려하게, 오래 끌면서 자기 공적을 드러내려 하는 사람들에게
손자가 일침을 주고 있습니다. 업무도, 군 생활도 마찬가지입니다.

孫子兵法 作戰篇 第二 挑戰!

孫子曰 凡用兵之法 馳車千駟 革車千乘 帶甲十萬

千里饋糧 則內外之費 賓客之用 膠漆之材 車甲之奉

日費千金 然後十萬之師舉矣 其用戰也 勝久則鈍兵挫銳

攻城則力屈 久暴師則 國用不足 夫鈍兵挫銳 屈力殫貨

則諸侯乘其弊而起 雖有智者 不能善其後矣

故兵聞拙速 未睹巧之久也 夫兵久而國利者 未之有也

故不盡知用兵之害者 則不能盡知用兵之利也 善用兵者

役不再籍 糧不三載 取用於國 因糧於敵 故軍食可足也

國之貧於師者遠輸 遠輸則百姓貧 近於師者貴賣

貴賣則百姓財竭 財竭則急於丘役 力屈財殫

中原內虛於家 百姓之費 十去其七 公家之費 破車罷馬

甲胄弓弩 戟盾矛櫓 丘牛大車 十去其六

故智將務食於敵 食敵一鐘 當吾二十鐘 芑稈一石

當吾二十石 故殺敵者 怒也 取敵之利者 貨也 故車戰

得車十乘以上 賞其先得者 而更其旌旗 車雜而乘之

卒善而養之 是謂勝敵而益強 故兵貴勝 不貴久

故知兵之將 民之司命 國家安危之主也

筆　記

모공편謀攻篇 소개

모공은 스마트하게 공격하라는 말입니다. 왜 그러냐면 '전(全)'온전함을 유지하기 위해서이지요.

아무리 전쟁을 일으켜서 이긴다고 해도, 국가의 살림과 재정이 피폐해져 파탄 나면 그것은 이익보다 손해가 훨씬 커지기 때문에 좋지 않은 경우이겠지요.

그래서 온전하게 승리하는 것을 가장 우선시해야 하며, 무조건 깨뜨리고 파괴하는 것이 좋은 것은 아니라는 것입니다. 그 맥락에서 부전이굴인지병 (不戰而屈人之兵) 이라는 말이 나옵니다.

마지막에는 지승유오(知勝有五) 에 대해 언급합니다. 모공편에 나오는 지승유오, 다섯 가지는 여러분들 머릿속에 꼭 간직하고, 암송할 수 있으면 좋겠습니다.

03

모공

謀攻

孫 子 曰
자손 아들 말할
손 자 왈
ㄴ손자가 말하기를

凡 用 兵 之 法
무릇 쓸 군사 조사 법
범 용 병 지 법
ㄴ무릇 ㄴ군사를 운용하는 ㄴ법은

全
온전할
전
ㄴ온전하게

國 爲 上
나라 할 윗
국 위 상
ㄴ나라를 ㄴ상책이고

破 國 次 之
깨뜨릴 나라 다음 조사
파 국 차 지
ㄴ나라를 깨뜨리는 것은 ㄴ다음이다.

全 軍
온전할 군사
전 군
ㄴ군사를 온전히

爲 上
할 윗
위 상
ㄴ하는 것이 상책이고

破 軍 次 之
깨뜨릴 군사 다음 조사
파 군 차 지
ㄴ군사를 깨뜨리는 것 ㄴ다음이다.

全 旅 爲
온전할 군사 할
전 여 위
ㄴ여를 온전하게 하는 것

上
윗
상
ㄴ상책이고

破 旅 次 之
깨뜨릴 군사 다음 조사
파 여 차 지
ㄴ여를 깨뜨리는 것은 다음이다.

全 卒 爲 上
온전할 군사 할 윗
전 졸 위 상
ㄴ졸을 온전하게 하는 것이 상책이고

破 卒 次 之
깨뜨릴 군사 다음 조사
파 졸 차 지
ㄴ졸을 깨뜨리는 것 ㄴ다음이다.

全 伍 爲 上
온전할 대오 할 윗
전 오 위 상
ㄴ오를 완전하게 하는 것이 상책이고

破
깨뜨릴
파
ㄴ깨뜨리는

伍 次 之
대오 다음 조사
오 차 지
ㄴ오를 ㄴ다음이다.

是 故 百 戰 百 勝
옳을 옛 일백 싸울 일백 이길
시 고 백 전 백 승
ㄴ그래서 ㄴ백 번 싸워 백 번 이기는 것이

非 善 之 善 者 也
아닐 좋을 조사 좋을 사람 조사
비 선 지 선 자 야
ㄴ좋은 것 아니다 ㄴ좋은 것이

不 戰 而 屈
아닐 싸울 접속사 굽을
부 전 이 굴
ㄴ싸우지 않고

人 之 兵
사람 조사 군사
인 지 병
ㄴ적을 굴복시키는 것이

善 之 善 者 也
좋을 조사 좋을 사람 조사
선 지 선 자 야
ㄴ좋은 것이다. ㄴ좋은 것이

해석

손자가 말하기를 무릇 군사 운용의 법은 완전하게 하는 것을 상책으로 여기며, 그것을 깨뜨리는 것은 차선책으로 여긴다.

<small>(군은 12,500명, 여는 500명, 졸은 100명, 오는 5명 부대를 의미)</small>

그래서 백전백승한다고 좋은 것이 아니다. 싸우지 않고도 적을 굴복시킬 수 있으면 그것이 좋은 것이다.

한번 더 생각해보기

대인관계에서 남을 항상 이기려는 사람들이 있습니다. 아마도 어떤 목적이 있겠고, 그 사람을 이기면 그 목적을 달성하겠지요. 그러나 반대로 잃는 것도 많을겁니다. 시계편의 오사와 칠계, 작전편의 전쟁 비용 이야기에 이어서 모공편은 현명하고 똑똑하게, 효율적으로 공격해야 한다고 이야기합니다.

경쟁사회에서 모든 관계를 경쟁과 승패의 관계로 볼 수도 있습니다. 그러나 이기는 것만이 좋은 것은 아닙니다. '상생'이라는 관점도 볼 필요가 있지요. 싸워서 해결해야 할 일을 대화와 타협으로 해결하는 것이지요. 모공편에서 얻을 수 있는 교훈입니다.

국가와 국가 간 관계에서 대부분을 정치 외교로 해결하는 것도 그러한 이유와 관련이 있습니다. 전쟁은 마지막 수단이 되지요. 전쟁 승리를 통해 정치의 목적을 달성한다고 해도 승자조차도 큰 피해를 보게 됩니다. 그래서 싸워 이길 수 있는 태세를 유지하는 것이 중요하지요. 백 번 싸워 백 번 이기는 것이 중요하지 않습니다.

故	上	兵	伐	謀	其	次	伐	交
옛	윗	군사	칠	꾀	그	다음	칠	사귈
고	상	병	벌	모	기	차	벌	교

ㄴ예로부터 ㄴ상책은 ㄴ계략을 치는 것 ㄴ그 다음은 ㄴ외교관계를 치는 것

其	次	伐	兵	其	下	攻	城	攻	城
그	다음	칠	군사	그	아래	칠	성	칠	성
기	차	벌	병	기	하	공	성	공	성

ㄴ그 다음은 ㄴ군사를 치는 것 ㄴ그 아래가 ㄴ성을 공격하는 것

之	法	爲	不	得	已	修	櫓	轒
조사	법	할	아닐	얻을	이미	닦을	방패	병거
지	법	위	부	득	이	수	로	분

ㄴ성을 공격하는 것은 ㄴ부득이하기 때문이다 ㄴ방패와 공성용 무기를

轀	具	器	械	三	月	而	後	成
와거	갖출	그릇	형틀	셋	달	접속사	뒤	이룰
온	구	기	계	삼	월	이	후	성

만들고 ㄴ기계를 갖추는데 ㄴ삼 개월 후 완성되고

距	堙	又	三	月	而	後	已	將
떨어질	막을	또	셋	달	접속사	뒤	이미	장수
거	인	우	삼	월	이	후	이	장

ㄴ성벽에 흙산을 쌓는데 ㄴ또 삼 개월 이후 완성한다. ㄴ장수가

不	勝	其	忿	而	蟻	附	之	殺
아닐	이길	그	성낼	접속사	개미	붙을	조사	죽일
불	승	기	분	이	의	부	지	살

ㄴ이기지 못해 ㄴ그 분을 ㄴ개미처럼 달라붙게 하여 ㄴ죽이고

士	卒	三	分	之	一	而	城	不	拔	者
선비	군사	셋	나눌	조사	한	접속사	성	아닐	빼앗을	사람
사	졸	삼	분	지	일	이	성	불	발	자

ㄴ장병의 삼 분의 일을 ㄴ성도 ㄴ빼앗지 못하는 것은

此	攻	之	災	也
이	칠	조사	재앙	조사
차	공	지	재	야

ㄴ이것은 공격의 재앙이다.

해석

예로부터 상책은 계략을 쳐서 아예 엄두도 못 내게 하는 것이나. 다음은 동맹국 간 관계를 치는 것이고, 다음은 군사를 치는 것이고, 그 아래가 성을 공격하는 것이다. 성을 공격하는 것은 정말 어쩔 수 없기 때문이다. 방패와 공성용 무기, 장비를 갖추는데 삼 개월이 걸리고, 흙산을 쌓는데 또 삼 개월이 걸린다. 장수가 분을 참지 못하여 개미처럼 달라붙어 성을 공격하게 하고, 장병 삼 분의 일을 죽이며 성도 빼앗지 못하니, 그것이 공격의 재앙이다.

한번 더 생각해보기

모공(謀攻)에서 제시하는 이 내용은 전쟁의 잘못된 사례를 들어서 이야기하는 겁니다. 싸우지 않고 해결할 수 있으면 가장 좋은데, 싸워야 한다면 최소의 노력, 비용, 자원으로 목적을 달성해야지요. 그런데 막대한 노력과 비용, 자원을 투입하고도 목적을 달성하지 못한 것이니, 얼마나 참담한 일이에요? 재앙이라는 말로 비유하고 있습니다.
리더가 지휘하다 보면 실패할 때가 생길 수 있습니다. 다들 같이 힘을 합쳐 노력했지요. 그런데 성과를 내지 못했어요. 그럴 때 리더는 자기 잘못을 인정하고 부하들에게 솔직하게 이야기할 수 있어야 합니다. 그리고 잘못된 점을 바로 잡고 그런 과오를 다시 만들지 않도록 노력해야지요. 항상 잘할 수 없으니까요.
그런데 만약 그런 상황에서 리더가 부하들 탓을 하거나 구실을 삼아 핑계를 대면 그 사람은 빠른 속도로 신뢰를 잃게 될 겁니다. 아주 조심해야 할 일입니다.

故善用兵者 | 屈人之兵而

| 옛 | 잘할 | 쓸 | 군사 | 사람 | | 굽을 | 사람 | 조사 | 군사 | 접속사 |
| 고 | 선 | 용 | 병 | 자 | | 굴 | 인 | 지 | 병 | 이 |

ㄴ예로부터 ㄴ군사운용을 잘하는 자는

ㄴ사람을 굴복시키되

非戰也 | 拔人之城而非攻也

| 아닐 | 싸울 | 조사 | | 빼앗을 | 사람 | 조사 | 성 | 접속사 | 아닐 | 칠 | 조사 |
| 비 | 전 | 야 | | 발 | 인 | 지 | 성 | 이 | 비 | 공 | 야 |

ㄴ싸우지 않는 방법으로

ㄴ다른 사람의 성을 빼앗되 ㄴ공격하지 않고

毁人之國而非久也 | 必以全

| 헐 | 사람 | 조사 | 나라 | 접속사 | 아닐 | 오랠 | 조사 | | 반드시 | 써 | 온전할 |
| 훼 | 인 | 지 | 국 | 이 | 비 | 구 | 야 | | 필 | 이 | 전 |

ㄴ타국을 헐게할 때(칠 때) ㄴ오래 끌지 않았다

ㄴ반드시 온전함으로

爭於天下 | 故兵不鈍而利

| 다툴 | 조사 | 하늘 | 아래 | | 옛 | 군사 | 아닐 | 무딜 | 접속사 | 이로울 |
| 쟁 | 어 | 천 | 하 | | 고 | 병 | 부 | 둔 | 이 | 리 |

ㄴ천하를 다툰다

ㄴ그래서 ㄴ군사는 무디어지지 않고 ㄴ이익은

可全 | 此謀攻之法也 | 故用

| 옳을 | 온전할 | | 이 | 꾀 | 칠 | 조사 | 법 | 조사 | | 옛 | 쓸 |
| 가 | 전 | | 차 | 모 | 공 | 지 | 법 | 야 | | 고 | 용 |

ㄴ가히 온전해졌다 ㄴ이것이 ㄴ모공의 법이다

ㄴ따라서

兵之法 | 十則圍之 | 五則攻

| 군사 | 조사 | 법 | | 열 | 곧 | 에워쌀 | 조사 | | 다섯 | 곧 | 칠 |
| 병 | 지 | 법 | | 십 | 즉 | 위 | 지 | | 오 | 즉 | 공 |

ㄴ군사 운용의 법은 ㄴ열 배면 ㄴ둘러싸고 ㄴ다섯 배면 ㄴ공격하고

之
조사
지

倍 則 戰 之
갑절　곧　싸울　조사
배　즉　전　지
ㄴ두 배면　ㄴ싸우고

敵 則 能 分 之
원수　곧　능할　나눌　조사
적　즉　능　분　지
ㄴ적과 같으면　ㄴ그것을 나누고

少 則 能 守 之
적을　곧　능할　지킬　조사
소　즉　능　수　지
ㄴ적으면　ㄴ지키고

不 若 則 能 避 之
아닐　같을　곧　능할　피할　조사
불　약　즉　능　피　지
ㄴ같지 않으면　ㄴ피한다

少 敵 之 堅
적을　원수　조사　굳을
소　적　지　견
ㄴ적은 적은　ㄴ지킬 수 있으나

大 敵 之 擒 也
큰　원수　조사　사로잡을　조사
대　적　지　금　야
ㄴ큰 적은　ㄴ사로잡힌다

예로부터 군사 운용을 잘하는 자는 타인을 굴복시키되 싸우지 않는다. 성을 빼앗되 공격하지 않고, 타국을 공격할 때도 오래 끌지 않는다. 반드시 온전함(全)으로써 천하를 다툰다.

그래서 군사는 무디어지지 않고 이익은 온전할 수 있다. 이것이 모공의 법이다. 그래서 군사를 운용하는 법이 열 배면 포위하고, 다섯 배면 공격하고, 두 배면 싸운다. 적과 대등하면 적을 분리하고, 적보다 적으면 방어를 하고, 그보다도 적으면 피해야 한다. 작은 적을 상대하면 지킬 수 있으나, 큰 적을 상대하려 하면 사로잡힌다.

전투는 의지만으로 하는 것이 아닙니다. 상황에 맞춰서 해야 합니다.
열 배면 열 배, 다섯 배면 다섯 배의 상황에 맞추고, 적보다 적으면
지키거나 피해야지요. 상황을 고려하지 않고 무리하게 싸우려고 하면
사로잡힌다고 이야기하고 있습니다. 앞에서 언급한 것처럼, 어떤 가치를
추구할 때 드는 노력과 자원, 비용은 최소화하는 방법을 모색해야 합니다.
그래야 손해보다 성과가 커지고, 그것이 모공의 법이라는 겁니다.
어떤 방법으로 해도 목적은 달성할 수 있습니다. 하나의 방법만 있는
것은 아니니까요. 그러나 불필요한 노력과 자원, 비용을 소모하면서
비효율적으로 업무를 하는 리더는 군에 도움이 되지 못합니다.
또한 같은 일을 하더라도 모두가 공감하지 못하는 잘못된 방법으로
스트레스를 더하는 사람은 높은 자리에 가면 안 됩니다. 가면 갈수록
손해가 커져서 성과가 온전해지지 못하니까요.

夫 將 者 | 國 之 輔 也 | 輔 周

| 대저 | 장수 | 사람 | 나라 | 조사 | 덧방나무 | 조사 | 덧방나무 | 두루 |
| 부 | 장 | 자 | 국 | 지 | 보 | 야 | 보 | 주 |

└대체로 장수는　└국가를 보좌하는 사람이다.　└장수가 주도면밀

則 國 必 强 | 輔 隙 則 國 必 弱

| 곧 | 나라 | 반드시 | 강할 | 덧방나무 | 틈 | 곧 | 나라 | 반드시 | 약할 |
| 즉 | 국 | 필 | 강 | 보 | 극 | 즉 | 국 | 필 | 약 |

└그러면 └나라가 강해지고　└장수가 틈이 있으면　└나라가 약해진다

故 君 之 所 以 患 於 軍 者 三 | 不

| 옛 | 임금 | 조사 | 바 | 써 | 근심 | 조사 | 군사 | 사람 | 셋 | 아닐 |
| 고 | 군 | 지 | 소 | 이 | 환 | 어 | 군 | 자 | 삼 | 부 |

└예로부터 임금이　└걱정을 끼치는 바　└군사에　└세 가지이다

知 軍 之 不 可 以 進 而 謂 之 進

| 알 | 군사 | 조사 | 아닐 | 옳을 | 써 | 나아갈 | 접속사 | 이를 | 조사 | 나아갈 |
| 지 | 군 | 지 | 불 | 가 | 이 | 진 | 이 | 위 | 지 | 진 |

└모르고 └군사가　└진격할 수 없음을　└진격하라고 하는 것

不 知 軍 之 不 可 以 退 而 謂 之 退

| 아닐 | 알 | 군사 | 조사 | 아닐 | 옳을 | 써 | 물러날 | 접속사 | 이를 | 조사 | 물러날 |
| 부 | 지 | 군 | 지 | 불 | 가 | 이 | 퇴 | 이 | 위 | 지 | 퇴 |

└모르고 └군사가　└물러날 수 없음을　└물러나라고 하는 것

是 爲 縻 軍 | 不 知 三 軍 之 事

| 옳을 | 할 | 고삐 | 군사 | 아닐 | 알 | 셋 | 군사 | 조사 | 일 |
| 시 | 위 | 미 | 군 | 부 | 지 | 삼 | 군 | 지 | 사 |

└이를 이르러 └구속한다 └군을　└모르고 └삼 군의 └일을

而 同 三 軍 之 政

접속사 　 같을 　 셋 　 군사 　 조사 　 정사
이 　 동 　 삼 　 군 　 지 　 정

ㄴ함께하려 ㄴ삼 군의 정사에

則 軍 士 惑 矣

곧 　 군사 　 선비 　 미혹할 　 조사
즉 　 군 　 사 　 혹 　 의

ㄴ그러면 군사가 　 ㄴ미혹한다

不 知 三 軍 之 權

아닐 　 알 　 셋 　 군사 　 조사 　 저울추
부 　 지 　 삼 　 군 　 지 　 권

ㄴ알지 못하고 ㄴ삼 군의 기준(저울추)을 알지못하고

而 同 三 軍 之

접속사 　 같을 　 셋 　 군사 　 조사
이 　 동 　 삼 　 군 　 지

ㄴ함께 하면 　 ㄴ삼 군의 임명에

任

맡길
임

則 軍 士 疑 矣

곧 　 군사 　 선비 　 의심할 　 조사
즉 　 군 　 사 　 의 　 의

ㄴ군사가 의심하게 된다.

장수는 국가를 보좌하는 사람이다. 장수가 주도면밀하면 나라는 강해지고, 장수가 허술하면 나라가 약해진다.

임금이 군에 근심이 되는 일이 세 가지이다. 군이 나아갈 수 없는 것을 모르고 나아가라고 하는 것, 군이 물러설 수 없는 것을 모르고 물러나라고 하는 것, 이것은 군을 구속하는 것이다.

삼 군의 일을 모르고 삼 군의 정사에 관여하면 군사를 미혹하는 것이다. 삼 군의 기준을 모르고 내부 행정에 관여하면 군사가 의심한다.

삼군은 규모가 커서 상, 중, 하 또는 좌, 중, 우로 나눈 군을 말합니다. 군에는 여러 제대가 있습니다. 다층적인 조직구조이지요. 이러한 조직의 특성이 좋은 것도 있고 안 좋은 것도 있습니다. 안 좋은 점을 여기서는 이야기하고 있습니다. 임금이 군사의 일에 불필요하게 관여해서 근심을 만드는 것이지요.

다층적인 구조를 가진 조직에서는 이런 일이 자주 나타날 수 있습니다. 상부 조직은 하부 조직에서 추진하는 업무를 감독하고 지도하니까요. 당연히 필요한 일입니다. 그런데 그것이 더욱 좋은 시너지 효과를 발휘하기 위해서는 각 제대의 역할을 구분하는 것이 좋습니다. 다시 말하면, 위의 제대에서 아래 제대 업무에 간섭하는 것만이 자기 역할이 아니라는 겁니다. 그것보다 더 중요한 자기 역할을 해야 합니다. 어떤 것이 자기 역할인지, 미리 그것을 정립해 놓아야겠지요. 그것이 정립되지 않아서 발생하는, 위와 같은 사례는 1960년 말 베트남 전쟁을 대표적인 예로 들 수 있겠습니다. 교훈을 잘 새겨야 합니다.

三 軍 旣 惑 且 疑 ｜ 則 諸 侯 之

셋 군사 이미 미혹할 또 의심할 　 곧 모두 제후 조사
삼 군 기 혹 차 의 　 즉 제 후 지
ㄴ삼 군이 이미　ㄴ미혹하고 의심하면　ㄴ곧 제후들의

難 至 矣 ｜ 是 謂 亂 軍 引 勝

어려울 이를 조사 　 옳을 이를 어지러울 군사 끌 이길
난 지 의 　 시 위 난 군 인 승
ㄴ어려움이 이르니　ㄴ이것을 이르러　ㄴ어지러운 군사가　ㄴ승리를 견인한다

故 知 勝 有 五 ｜ 知 可 以 與 戰

옛 알 이길 있을 다섯 　 알 옳을 써 더불 싸울
고 지 승 유 오 　 지 가 이 여 전
ㄴ예로부터　ㄴ승리를 아는　ㄴ다섯 가지　ㄴ아는　ㄴ가능한지　ㄴ더불어 싸울수 있나

不 可 以 與 戰 者 勝 ｜ 識 衆 寡

아닐 옳을 써 더불 싸울 사람 이길 　 알 무리 적을
불 가 이 여 전 자 승 　 식 중 과
ㄴ할 수 없나　ㄴ더불어 싸울 수　ㄴ아는 자가 이긴다　ㄴ안다　ㄴ무리와 적음

之 用 者 勝 ｜ 上 下 同 欲 者 勝

조사 쓸 사람 이길 　 윗 아래 같을 하고자할 사람 이길
지 용 자 승 　 상 하 동 욕 자 승
ㄴ사용을 아는 자　ㄴ이긴다　ㄴ위와 아래가　ㄴ함께 하고자 하는 자가 이긴다

以 虞 待 不 虞 者 勝

써 헤아릴 기다릴 아닐 헤아릴 사람 이길
이 우 대 불 우 자 승
ㄴ고민해서　ㄴ기다리는　ㄴ고민하지 않는 자　ㄴ자가 이긴다

삼 군이 미혹하고 의심하면 제후들의 난이 일어난다. 이를 이르러 어지러운 군사가 (타국에) 승리를 가져온다고 한다. 예로부터 승리를 아는 다섯 가지가 있다. 더불어 싸울 수 있는지 없는지 아는 자가 이긴다. 무리와 적음의 사용을 아는 자가 이긴다. 위, 아래가 함께 하고자 하는 자가 이긴다. 고민을 더 많이 하는 자가 이긴다.

한번 더 생각해보기

여러분들이 손자병법을 읽으면 이것이 좋다고 저는 생각합니다. 읽고 뜻을 해석하면서 계속 생각하세요. 그 의미를 두고두고 곱씹는 거지요. 그러면서 그 사람의 해석이 경험과 연륜에 따라 더욱 다양해지고 깊어집니다. 그리고 그것을 신념화하고 체득하는 과정이 진행됩니다. 저 역시도 이런 과정을 거쳐 전술관(戰術觀)을 정립했는데요, 바로 식중과지용자승(識衆寡之用者勝)이지요. 저는 전술에 대한 모든 실마리를 거기서부터 풀어갑니다.
'어떻게 해야 전쟁에서 이길 수 있느냐?' 군인으로서 근본적인 질문이지요. 이 문제에 대해 여러분은 어떤 견해를 가지겠습니까? 꼭 저와 같을 필요는 없습니다. 지승유오(知勝有五)'도 손자의 견해일 따름이지요. 하지만 2,500년 전에 이렇게 다섯 가지 승리의 비결을 정리했다고 하는 것은 참 대단한 일이라고 생각합니다. 이런 글들을 잘 읽고 때때로 익히세요. 시간이 흐를수록 점점 내면화되면서 많은 힘을 발휘할겁니다.

將 能 而 君 不 御 者 勝 ┃ 此 五
장수 능할 접속사 임금 아닐 다스릴 사람 이길 이 다섯
장 능 이 군 불 어 자 승 차 오
ㄴ장수가 유능하고 ㄴ임금이 나서지 않는 자 ㄴ이긴다 ㄴ이 다섯 가지가

者 ┃ 知 勝 之 道 也 ┃ 故 曰
사람 알 이길 조사 길 조사 옛 말할
자 지 승 지 도 야 고 왈
ㄴ승리를 알 수 있는 ㄴ다섯 가지 방법 ㄴ그래서 말하기를

知 彼 知 己 ┃ 百 戰 不 殆
알 저 알 자기 일백 싸울 아닐 위태할
지 피 지 기 백 전 불 태
ㄴ적을 알고 ㄴ나를 알면 ㄴ백 번 싸워서 ㄴ위태롭지 않고

不 知 彼 而 知 己 ┃ 一 勝 一 負
아닐 알 저 접속사 알 자기 한 이길 한 질
부 지 피 이 지 기 일 승 일 부
ㄴ적은 모르고 ㄴ나를 알면 ㄴ한번 이기고 ㄴ한번 지고

不 知 彼 不 知 己 ┃ 每 戰 必 殆
아닐 알 저 아닐 알 자기 매양 싸울 반드시 위태할
부 지 피 부 지 기 매 전 필 태
ㄴ적도 모르고 ㄴ나도 모르면 ㄴ매번 싸움마다 ㄴ위태롭다

장수가 유능하고 임금이 나서지 않아야 이긴다. 이 다섯 가지가 승리를 아는 방법이다. 그래서 말하기를, 적을 알고 나를 알면 백 번을 싸워도 위태롭지 않다. 적을 모르고 나를 알면, 한 번은 이기되, 한 번은 진다. 적도 모르고 나도 모르면 매번 싸울 때마다 위태로와진다.

한번 더 생각해보기

손자는 임금이 나서서 장수들에게 관여하는 것을 매우 부정적으로 보았습니다. 모공편에서 언급한 내용도 그렇고, 다른 편에서도 몇몇 유사한 내용이 있지요. 군은 상명하복(上命下服)을 매우 중요한 가치로 여기는 집단입니다. 명령하면 복종해야죠. 여지가 없습니다. 그런데 손자는 이렇게 이야기를 하는 겁니다. 심지어 나중에는 '임금의 어떤 명은 받들지 않을 수도 있다'라고 합니다.

상명하복이라고 자유롭게 의견을 개진할 수 없는 것은 아닙니다. 리더는 부하들의 의견을 충분히 수렴해야지요. 그리고 어떤 경우에 그것은 리더의 의견과 다른 의견일 수 있습니다. 리더는 그러한 것까지도 충분히 들을 수 있는 아량이 있어야 합니다. 그리고 자기의 아집을 내려 놓을 수 있다면 참으로 훌륭하다 하겠습니다.

'지시했는데 이행했니? 안 했니?' 하며 따지는 것은 리더의 근본 없음을 드러내는 일입니다. 행하고서 얻는 것이 없으면 자기를 탓해야지요. 누구를 탓하겠어요?

孫子兵法 謀攻篇 第三 挑戰!

孫子曰 凡用兵之法 全國爲上 破國次之 全軍爲上 破軍次之

全旅爲上 破旅次之 全卒爲上 破卒次之 全伍爲上 破伍次之

是故百戰百勝 非善之善者也 不戰而屈人之兵 善之善者也

故上兵伐謀 其次伐交 其次伐兵 其下攻城 攻城之法 爲不得已

修櫓轒輼 具器械 三月而後成 距闉 又三月而後已 將不勝其忿

而蟻附之 殺士卒三分之一 而城不拔者 此攻之災也

故善用兵者 屈人之兵而非戰也 拔人之城 而非攻也 毀人之國

而非久也 必以全爭於天下 故兵不鈍 而利可全 此謀攻之法也

故用兵之法 十則圍之 五則攻之 倍則戰之 敵則能分之

少則能守之 不若則能避之 少敵之堅 大敵之擒也

夫將者國之輔也 輔周則國必強 輔隙則國必弱

故君之所以患於軍者三 不知軍之不可以進而謂之進

不知軍之不可以退而謂之退 是爲縻軍

不知三軍之事而同三軍之政 則軍士惑矣 不知三軍之權

而同三軍之任 則軍士疑矣 三軍旣惑且疑 則諸侯之難至矣

是謂亂軍引勝 故知勝有五 知可以與戰不可以與戰者勝

識衆寡之用者勝 上下同欲者勝 以虞待不虞者勝

將能而君不御者勝 此五者 知勝之道也 故曰知彼知己 百戰不殆

不知彼而知己 一勝一負 不知彼不知己 每戰必殆

筆　記

군형편軍形篇 소개

군형편은 싸우기 전에 준비를 많이 해서 이길 수 있는 '형(形),'모양을 만들어 놓으라는 말입니다. 준비를 많이 해 놓았으면 실제 일에 닥쳐서는 평안할 수 있겠지요. 마치 어떤 시험을 볼 때, 공부를 많이 한 것과 벼락치기 공부하는 경우의 차이를 생각할 수 있습니다.

싸우기 전에 충분히 형(形)을 만들어 놓으면 요란하게 난리를 치지 않아도 승리할 수 있습니다. 그런 사람의 승리는 무지명(無智名), 무용공(無勇功)이지요. 난리를 치고 생색내며 승리하는 것은 하수라고 손자는 이야기합니다.

이렇게 준비를 많이 해 놓으면 싸우기도 전에 이미 승리할 수 있는 준비를 다 할 수 있습니다. 그래서 '이기고 싸운다.'라는 선승구전(先勝求戰)이 가능한 것이지요.

04

군형
軍形

孫 子 曰
자손 아들 말할
손 자 왈
ㄴ손자가 말하기를

昔 之 善 戰 者
옛 조사 잘할 싸울 사람
석 지 선 전 자
ㄴ옛날에　ㄴ잘 싸우는 사람은

先
먼저
선
ㄴ먼저

爲 不 可 勝
할 아닐 옳을 이길
위 불 가 승
ㄴ해놓고　ㄴ이길 수 없게

以 待 敵 之 可 勝
써 기다릴 원수 조사 옳을 이길
이 대 적 지 가 승
ㄴ그것으로 ㄴ적을 기다린다　ㄴ이길 수 있게

不 可 勝 在 己
아닐 옳을 이길 있을 자기
불 가 승 재 기
ㄴ이기지 못하게 하는 것은　ㄴ나에게 있고

可 勝 在 敵
옳을 이길 있을 원수
가 승 재 적
ㄴ이기는 것은　ㄴ적에게 있다

故 善 戰 者
옛 잘할 싸울 사람
고 선 전 자
ㄴ그래서 잘 싸우는 사람은

能 爲 不 可 勝
능할 할 아닐 옳을 이길
능 위 불 가 승
ㄴ능히 할 수 있다 ㄴ이기지 못하게

不 能 使 敵 之 必 可 勝
아닐 능할 하여금 원수 조사 반드시 옳을 이길
불 능 사 적 지 필 가 승
ㄴ할 수 없다　ㄴ적으로 하여금　ㄴ반드시 이기게

故 曰
옛 말할
고 왈
ㄴ그래서 말하되

勝 可 知 而 不 可 爲
이길 옳을 알 접속사 아닐 옳을 할
승 가 지 이 불 가 위
ㄴ승리는 알수 있지만　ㄴ할 수는 없다

해석

   손자가 말하기를 옛날에 잘 싸우는 사람은 먼저 이길 수 없게 만들어 놓고, 적에게 이길 기회가 생기기를 기다린다. (적이 나를) 이기지 못하는 것은 나의 태세에 달린 것이고, (내가 적을) 이길 수 있는 것은 적의 태세에 달려있기 때문이다.

   잘 싸우는 사람은 (나의 태세를 갖춰서) 능히 못 이기게 한다. 그러나 적으로 하여금 반드시 이기게 할 수는 없다. 그래서 승리는 알 수 있지만, 할 수는 없는 것이다.

한번 더 생각해보기

알 듯 말 듯 한 말입니다. 이길 수 없게 만드는 것은 나의 태세에 달린 일이니, 나의 태세를 공고히 하면 되겠지요. 이길 수 있게 만드는 것은 적에게 달린 일인데, 적의 태세를 허술하게 하는 것은 내가 할 수 있는 일이 아니잖아요? 그렇게 생각하면 어떨까 합니다. 실제로 이 내용이 전술 연마에 큰 도움을 주지는 않습니다. 반론도 있겠지만, 논쟁의 의미가 얼마나 있는지 모르겠습니다.

오히려 저는 이런 점을 생각합니다. 이런 말을 들은 적이 있는데요, '우리가 하는 대부분의 걱정은 이미 지나간 일이거나, 일어날 가능성이 매우 적거나, 일어나더라도 내가 막을 수 없는 일이다.' 걱정과 고민을 해서 해결할 수 있는 것이 없다면 그것을 왜 하겠어요? 차라리 내가 할 수 있는 일을 하면 그만이지요. 그것이 나의 태세를 공고하게 하는 일이라고 할 수 있겠지요. 손자는 영 다른 뜻으로 기록을 남겼을텐데, 2,500년 후의 우리는 엉뚱한 교훈을 얻을 수도 있습니다. 뭐.. 저는 그것도 괜찮다고 생각합니다. 자기 생각을 일깨우세요.

不可勝者

不	可	勝	者
아닐	옳을	이길	사람
불	가	승	자

ㄴ이기지 못하는 자는

守也

守	也
지킬	조사
수	야

ㄴ지키고

可勝者

可	勝	者
옳을	이길	사람
가	승	자

ㄴ이길 수 있는 자는

攻也

攻	也
칠	조사
공	야

ㄴ공격한다

守則不足

守	則	不	足
지킬	곧	아닐	충분할
수	즉	부	족

ㄴ지키는 것은 충분하지 않기 때문이고

攻則有餘

攻	則	有	餘
칠	곧	있을	남을
공	즉	유	여

ㄴ공격은 여유가 있기 때문이다.

善守者

善	守	者
잘할	지킬	사람
선	수	자

ㄴ잘 지키는 사람은

藏於九地之下

藏	於	九	地	之	下
저장할	조사	아홉	땅	조사	아래
장	어	구	지	지	하

ㄴ저장된 것처럼   ㄴ아홉(넓은) 땅   ㄴ아래

善攻者

善	攻	者
잘할	칠	사람
선	공	자

ㄴ공격을 잘하는 사람은

動於九天之上

動	於	九	天	之	上
움직일	조사	아홉	하늘	조사	윗
동	어	구	천	지	상

ㄴ움직이는 것처럼   ㄴ아홉(넓은) 하늘   ㄴ위에

故能自保而全勝也

故	能	自	保	而	全	勝	也
옛	능할	스스로	지킬	접속사	온전할	이길	조사
고	능	자	보	이	전	승	야

ㄴ그래서 능히 스스로를 지키며   ㄴ온전한 승리를 한다

이기지 못하는 자는 방어하고, 이길 수 있는 자는 공격한다. 방어하는 것은 충분하지 않기 때문이고, 공격하는 것은 여유가 있기 때문이다. 방어를 잘하는 사람은 넓은 땅에 저장된 것처럼 하고, 공격을 잘하는 사람은 넓은 하늘에 움직이듯이 한다.

그래서 능히 스스로 보전하고 온전한 승리를 하는 것이다.

한번 더 생각해보기

공격과 방어의 근본적인 차이에 대해 언급한 말입니다. 주장에 따라 한자가 다르거나 해석도 분분한 부분인데요, 이렇게 생각하면 어떨까 합니다. 전투 초기에는 양쪽이 모두 공격하면서 전투할 수 있습니다. 그러나 직접 부딪쳐 싸우다 보면 공세를 유지할 수 있는 쪽은 계속 공격하고, 공세를 유지하지 못하고 후퇴했던 쪽은 방어하지요. 방어한다는 것은 지형과 전투력 발휘, 시간 등의 이점을 이용한다는 것입니다. 자기 힘만으로는 안 되니, 진지를 파고 들어가 은폐 엄폐를 이용합니다. 그래서 공격과 방어가 생겨납니다. 여유가 있어서 공격할 수 있는 쪽은 공격하고, 그렇지 않은 쪽은 방어하는 거지요.

그런데 이것은 현대의 해석입니다. 고대의 전쟁은 대부분 구릉지대와 성에서 전투하는 양상이었고, 각개전투는 18세기 나폴레옹 시대, 진지전 양상은 1900년대 세계 대전에서 뚜렷하게 나타났습니다. 이런 현대의 해석을 하다 보니, 그 옛날 손자가 어떻게 저 글을 썼는지 놀랍네요. 지금 우리에게는 당연하지만, 그때는 당연하지 않았거든요.

見 勝
볼 이길
견 승
ㄴ승리는 보는 것이

不 過 衆 人 之 所 知
아닐 지날 무리 사람 조사 바 알
불 과 중 인 지 소 지
ㄴ지나지 않으면　ㄴ많은 사람들이　ㄴ아는 바에서

非 善 之 善 者 也
아닐 좋을 조사 좋을 사람 조사
비 선 지 선 자 야
ㄴ좋은 것이 아니다　ㄴ좋은 것은

戰 勝 而
싸울 이길 접속사
전 승 이
ㄴ싸움에서 이기는 것이

天 下 曰 善
하늘 아래 말할 좋을
천 하 왈 선
ㄴ천하가 말하는 것이면

非 善 之 善 者 也
아닐 좋을 조사 좋을 사람 조사
비 선 지 선 자 야
ㄴ좋은 것이 아니다　ㄴ좋은 것은

故 擧 秋 毫 不 爲 多 力
옛 들 가을 가는털 아닐 할 많을 힘
고 거 추 호 불 위 다 력
ㄴ예로부터 ㄴ가을의 짐승 털을 든다고 ㄴ하지 않는다 ㄴ힘이 세다고

見 日
볼 날
견 일
ㄴ본다고

月 不 爲 明 目
달 아닐 할 밝을 눈
월 불 위 명 목
ㄴ해와 달을 ㄴ하지 않는다 ㄴ눈이 밝다고

聞 雷 霆 不 爲
들을 우레 천둥소리 아닐 할
문 뢰 정 불 위
ㄴ듣는다고 ㄴ우레와 천둥을 ㄴ하지 않는다

聰 耳
귀밝을 귀
총 이
ㄴ귀가 밝다고

古 之 所 謂 善 戰 者
옛 조사 바 이를 잘할 싸울 사람
고 지 소 위 선 전 자
ㄴ예로부터 ㄴ말하는 바 ㄴ잘 싸우는 사람은

勝 於 易 勝 者 也
이길 조사 쉬울 이길 사람 조사
승 어 이 승 자 야
ㄴ이긴다 ㄴ이기기 쉬운 ㄴ사람에게

故 善 戰 者
옛 잘할 싸울 사람
고 선 전 자
ㄴ그래서 ㄴ잘 싸우는 사람의

之 勝 也
조사 이길 조사
지 승 야
ㄴ승리는

無 智 名
없을 지혜 이름
무 지 명
ㄴ없다 ㄴ지혜와 명예가

無 勇 功
없을 용감할 공
무 용 공
ㄴ없다 ㄴ용감한 공이

해석

승리를 보는 바가 사람들이 보는 바에 그치면 그것은 좋은 것이 아니다. 싸움의 승리가 모두가 이야기하는 바이면 그것은 좋은 것이 아니다. 예로부터 추호(가을 털갈이 후 나는 짐승의 털)를 든다고 힘이 세다고 하지 않고, 해와 달을 본다고 눈이 밝다 하지 않으며, 우레와 천둥소리를 듣는다고 귀가 밝다고 하지 않았다. 이른바 '잘 싸우는 사람'은 이기기 쉬운 자에게 승리한다. 그래서 잘 싸우는 사람의 승리는 지혜와 명예도 없고, 용감한 공도 없다.

한번 더 생각해보기

어떤 업무를 한다고 직전에 닥쳐서 소리치고 부산을 떠는 것은 하수의 행동입니다. 오히려 시행일이 다가올수록 차분하게 준비하는 것이 고수의 행동이지요. 어떻게 하면 그렇게 됩니까? 미리미리 준비하는 것입니다. 그렇게 해서 승리를 하는 사람은 이미 다 준비했기 때문에 실제로 진행되는 것은 아주 간단하고 쉽게 보입니다. 전투도 그렇게 준비해서 싸워 이길 수 있는 준비를 다 해 놓았으니, 큰 소리 내지 않고도 쉽게 이기는 것처럼 보이는 것입니다. 그래서 무지명(無智名) 무용공(無勇功)이라는 거지요. 준비를 제대로 하지 않고 어렵사리 이길 수도 있습니다. 그리고 자기가 잘한 것을 생색내고 싶으니 자화자찬하지요. 뻔히 들여다보이는데도 자랑하고 싶은 마음을 감추지 못합니다. 추호를 든다고, 해와 달을 본다고, 우레와 천둥소리를 듣는다고, 생색내지 마세요. 염화시중(拈花示衆, 마음에서 마음으로 전하는)의 미소 속에서 차분하게 일이 진행되게 하세요.

故　其　戰　勝　不　忒 ｜ 不　忒　者

옛	그	싸울	이길	아닐	어긋날	아닐	어긋날	사람
고	기	전	승	불	특	불	특	자

ㄴ그래서 그 싸움에서 승리가　ㄴ어긋나지 않는다　ㄴ어긋나지 않는 것은

其　所　措　勝 ｜ 勝　己　敗　者　也

그	바	처리할	이길	이길	이미	무너질	사람	조사
기	소	조	승	승	이	패	자	야

ㄴ그 ~바가　ㄴ조치하여 승리하는　ㄴ이긴다 ㄴ이미 진 사람에게

故　善　戰　者 ｜ 立　於　不　敗　之　地

옛	잘할	싸울	사람	설	조사	아닐	무너질	조사	땅
고	선	전	자	입	어	불	패	지	지

ㄴ그래서 잘 싸우는 사람은　ㄴ선다 ㄴ지지 않는 ㄴ땅에

而　不　失　敵　之　敗　也 ｜ 是　故　勝

접속사	아닐	잃을	원수	조사	무너질	조사	옳을	옛	이길
이	불	실	적	지	패	야	시	고	승

ㄴ그리고 ㄴ놓치지 않는다 ㄴ적의 ㄴ패배를　ㄴ그래서 예로부터

兵　先　勝　而　後　求　戰 ｜ 敗　兵　先

군사	먼저	이길	접속사	뒤	구할	싸울	무너질	군사	먼저
병	선	승	이	후	구	전	패	병	선

ㄴ이기는 군사는 ㄴ먼저 이기고 ㄴ이후 ㄴ구한다 ㄴ싸움을　ㄴ패병은 ㄴ먼저

戰　而　後　求　勝

싸울	접속사	뒤	구할	이길
전	이	후	구	승

ㄴ싸우고 ㄴ그 후에 ㄴ구한다 ㄴ승리를

해석

    그래서 그 싸움에서 이기는 바가 어긋나지 않는다. 어긋나지 않
는 것은 승리를 만들어가면서, 이미 패한 사람에게 이기기 때문
이다. 예로부터 잘 싸우는 사람은 불패의 땅에 서고, 적의 패배를
놓치지 않는다고 했다. 그래서 이기는 군사는 먼저 이겨놓고 싸우
고, 패병은 먼저 싸우고 승리를 구한다.

한번 더 생각해보기

이런 이유로 '이기고 싸운다' 하는 말이 성립하는 겁니다. 제가 어린 시절 이
말을 처음 들을 때는 말이 좀 이상하다고 생각했습니다. 싸우지도 않았는데
어떻게 이기겠어요. 그러나 전체 문단 단락을 놓고 보니 이해가 갑니다.
그런데 말은 쉽지만 이러한 경지에 이르려면 상당한 내공이 있어야 합니다.
군형(軍形)의 핵심이 그것입니다. 많은 준비를 해서 그렇게 될 수밖에
없도록 만들라는 것이지요.
지승유오의 첫 번째와 일맥상통하는 부분도 있습니다. 아예 싸워서 이길
수 없다면 차라리 싸우지 않는 것이 낫지요. 싸워서 이길 승산이 있으면
주도면밀하게 준비해서 틀어지지 않고 승리할 수 있는 형(形)을 만들어
놓아야 합니다.

善	用	兵	者	修	道	而	保	法	故
잘할	쓸	군사	사람	닦을	길	접속사	지킬	법	옛
선	용	병	자	수	도	이	보	법	고

└잘하는 └용병을 └자는 └도를 널리 행하고 └법을 보전한다 └그래서

能	爲	勝	敗	之	政	兵	法	一	曰	度
능할	할	이길	무너질	조사	정사	군사	법	한	말할	척도
능	위	승	패	지	정	병	법	일	왈	도

└능히 └한다 └승패의 정사를 └병법에 └제 일은 척도(넓이)이고

二	曰	量	三	曰	數	四	曰	稱
두	말할	헤아릴	셋	말할	셀	넷	말할	저울
이	왈	량	삼	왈	수	사	왈	칭

└제 이는 (자원의) 양이며 └제 삼은 (인구의) 수이며 └제 사는 (국력의) 우세이며

五	曰	勝	地	生	度	度	生	量
다섯	말할	이길	땅	날	척도	척도	날	헤아릴
오	왈	승	지	생	도	도	생	량

└제 오는 승리이다. └땅은 └살린다 └넓이를 └넓이는 └살린다 └자원량을

量	生	數	數	生	稱	稱	生	勝
헤아릴	날	셀	셀	날	저울	저울	날	이길
량	생	수	수	생	칭	칭	생	승

└자원량은 └살린다 └인구수 └인구수는 └살린다 └국력 우세 └우세는 └살린다 └승리

故	勝	兵	若	以	鎰	稱	銖	敗	兵	若
옛	이길	군사	같을	써	중량	저울	무게	무너질	군사	같을
고	승	병	약	이	일	칭	수	패	병	약

└그래서 이기는 군사는 └같다 └일로써 └저울질 └수를 └패병은 └같다

以	銖	稱	鎰	勝	者	之	戰	若	決
써	무게	저울	중량	이길	사람	조사	싸울	같을	터질
이	수	칭	일	승	자	지	전	약	결

└수로써 └저울질 └일을 └이기는 자의 └싸움은 └같다 └터져

積	水	於	千	仞	之	溪	者	形	也
쌓을	물	조사	일천	길	조사	시내	사람	모양	조사
적	수	어	천	인	지	계	자	형	야

└쌓였던 물이 └천길 시냇물로 흐르는 것 └이것이 형이다

해석

　군사를 잘 쓰는 사람은 도를 널리 행하고 법을 보전하여 승패를 좌우할 수 있다. 병법에 제 일은 국토의 넓이이고, 제 이는 자원의 양, 제 삼은 인구수, 제 사는 국력이 타국보다 우세한 것, 제 오는 승리이다. 국토가 넓으면 자원량이 많고 인구수가 많으며, 국력이 강해진다. 그래서 승리할 수 있다. 이기는 군사는 일(鎰)로 수(銖)를 재는 것 같이 하고, 지는 군사는 수(銖)로 일(鎰)을 재는 것같이 한다. 이기는 자의 전투가 마치 높은 곳의 쌓인 물이 터져 천 길 계곡으로 쏟아지는 듯한 것, 그것이 형(形)이다.

* 일(鎰)은 수(銖)보다 576배 무거운 단위

한번 더 생각해보기

군형의 관점에서 보았을 때, 전쟁을 잘하기 위한 근원은 국력이 강하고 나라가 튼실한 것입니다. 바로 수도이보법(修道而保法)입니다. 앞에서 언급한 방법들을 아무리 잘 활용한다고 해도, 근본적으로 넓은 국토, 많은 자원과 인구를 가진 나라가 국력이 강하지요.
대체로 그렇습니다만, 꼭 그런 것은 아닙니다. 성경에 나오는 다윗과 골리앗의 싸움으로부터, 시대의 영웅이 나타나 전쟁을 승리로 이끄는 경우를 우리는 역사에서 종종 봅니다.
여기서 강조하는 것은 주도면밀한 준비를 통해 원하는 승리를 반드시 얻으라는 것입니다. 높은 곳에 물을 올리기 위해서는 얼마나 많은 준비를 했겠어요? 그래서 형(形)이 만들어질 수 있지요. 여러분이 열심히 손자병법을 공부하는 것도 여러분의 형(形)을 만드는 일환이 되기를 바랍니다.

孫子兵法 軍形篇 第四 挑戰!!

孫子曰 昔之善戰者 先爲不可勝 以待敵之可勝

不可勝在己 可勝在敵 故善戰者 能爲不可勝

不能使敵之必可勝 故曰 勝可知而不可爲 不可勝者 守也

可勝者 攻也 守則不足 攻則有餘 善守者 藏於九地之下

善攻者 動於九天之上 故能自保而全勝也

見勝 不過衆人之所知 非善之善者也 戰勝而天下曰善

非善之善者也 故擧秋毫不爲多力 見日月不爲明目

聞雷霆不爲聰耳 古之所謂善戰者

勝於易勝者也 故善戰者之勝也 無智名 無勇功

故其戰勝不忒 不忒者 其所措勝 勝已敗者也 故善戰者

立於不敗之地 而不失敵之敗也 是故勝兵先勝而後求戰

敗兵先戰而後求勝

善用兵者 修道而保法 故能爲勝敗之政 兵法一曰度

二曰量 三曰數 四曰稱 五曰勝 地生度 度生量 量生數

數生稱 稱生勝 故勝兵若以鎰稱銖 敗兵若以銖稱鎰

勝者之戰 若決積水於千仞之溪者 形也

筆　記

병세편兵勢篇 소개

군형편에서 싸울 준비를 철저히 했다면, 병세편에서는 그것을 바탕으로 기(奇)와 정(正)을 잘 운용해서 세(勢)를 만드는 것에 대해 설명합니다.

기와 정, 이해가 쉽지 않은 개념인데요, 병세편의 전반부는 기와 정에 대한 내용입니다. 전세(戰勢)가 아무리 복잡한 것 같아도 결국 기와 정에 지나지 않으며, 기와 정을 잘 운용하는 것은 무궁무진하다고 합니다.

그렇게 세(勢)가 발휘되는 모습은 무거운 돌을 세차게 흐르는 물이 뜨게 하는 것과 같고, 천 길 산에서 둥근 돌을 굴려 떨어뜨리는 것과 같다고 하지요. 잘 싸우게 만드는 것을 목석지성(木石之性)에 비유해서 이야기합니다.

조금 이해가 안 가는 부분이 있더라도 그냥 넘어가세요. 반복해서 음미하다 보면 자신의 해석이 생길겁니다.

05

병세
兵勢

孫 子 曰

자손 아들 말할
손 자 왈

ㄴ손자가 말하기를

凡 治 衆 如 治 寡

무릇 다스릴 무리 같을 다스릴 적을
범 치 중 여 치 과

ㄴ무릇 ㄴ무리를 다스림 ㄴ같이 ㄴ적음을 다스림

分 數 是 也

나눌 셀 옳을 조사
분 수 시 야

ㄴ분수가 이것이다

鬪 衆 如 鬪 寡

싸울 무리 같을 싸울 적을
투 중 여 투 과

ㄴ무리를 싸움 ㄴ같이 ㄴ적음을 싸움

形 名 是 也

모양 이름 옳을 조사
형 명 시 야

ㄴ형명이 이것이다

三 軍 之 衆

셋 군사 조사 무리
삼 군 지 중

ㄴ삼군의(큰 규모의 군사) ㄴ무리가

可

옳을
가

ㄴ가히

使 必 受 敵 而 無 敗 者

하여금 반드시 받을 원수 접속사 없을 무너질 사람
사 필 수 적 이 무 패 자

ㄴ하여금 반드시 ㄴ적을 받아 싸울 때 ㄴ패배하지 않음은

奇 正

기이할 바를
기 정

ㄴ기정이

是 也

옳을 조사
시 야

ㄴ이것이다

兵 之 所 加

군사 조사 바 더할
병 지 소 가

ㄴ군사력을 ㄴ~하는바 ㄴ더하는

如 以 碬

같을 써 숫돌
여 이 하

ㄴ같다 ㄴ숫돌을

投 卵 者

던질 알 사람
투 란 자

ㄴ알에 던지는 것

虛 實 是 也

빌 열매 옳을 조사
허 실 시 야

ㄴ허실이 ㄴ이것이다

손자가 말하기를, 많은 군사를 다스리는 것을 적은 군사 다스리 듯 하는 것은 분수(편제) 때문이다. 많은 군사와 싸우는 것을 적은 군사와 싸우듯 하는 것은 형명(지휘통제) 때문이다. 삼군의 무리가 적을 맞이하여 싸울 때 패하지 않는 것은 기정 때문이다. 군사력을 더해 집중하는데 숫돌로 알에 던지듯 하는 것은 허실 때문이다.

한번 더 생각해보기

아주 중요하면서도 어려운 개념들이 나옵니다. 분수, 형명, 기정, 허실입니다. 애매한 비유로 알 듯 말 듯 하게 기술하니, 사람들의 해석이 분분합니다. 어떤 사람의 해석이 절대적으로 맞는다고 할 수 없습니다. 제가 손자병법을 직접 읽으라고 말하는 것도, 바로 이런 것 때문에 그렇습니다. 편제나 지휘통제의 개념은 그래도 괜찮은데, 기정과 허실, 형과 세에 대한 해석은 스스로 생각을 정리하는 것이 좋습니다. 그리고 그것을 남에게 강요하지 말아야지요. 왜냐하면 여러분은 손자병법을 스스로 수양과 전술 식견을 넓히기 위해 읽는 것이지, 남에게 자랑하고 남을 억압하려고 공부하는 것은 아니잖아요?
지금 이 한 단락으로 어려운 개념들을 한 번에 이해하는 사람은 없습니다. 전술을 지속 연구하고, 생각을 계속하면서 요모조모 살펴보면 훗날 여러분도 여러분의 생각을 정리해서 이야기할 수 있으리라 생각합니다. 꼭 그렇게 되기를 바랍니다.

凡 戰 者
무릇 싸울 사람
범 전 자
└무릇 전쟁은

以 正 合
써 바를 합할
이 정 합
└정으로써 └합하고

以 奇 勝
써 기이할 이길
이 기 승
└기로써 └이긴다

故 善 出 奇 者
옛 잘할 날 기이할 사람
고 선 출 기 자
└그래서 └잘하는 └기의 사용을 └사람

無 窮 如 天 地
없을 다할 같을 하늘 땅
무 궁 여 천 지
└다함이 없다 └같이 └하늘 땅

不 竭 如 江 海
아닐 마를 같을 강 바다
불 갈 여 강 해
└마르지 않는다 └같이 └강과 바다

終 而 復 始
마칠 접속사 다시 처음
종 이 부 시
└마쳤다가도 └다시 └시작하는

日 月 是 也
날 달 옳을 조사
일 월 시 야
└해와 달이 그렇다

死 而 復 生
죽을 접속사 다시 날
사 이 부 생
└죽었다가 └다시 └나는 것

四
넷
사

時 是 也
때 옳을 조사
시 시 야
└사 계절이 그렇다

聲 不 過 五
소리 아닐 지날 다섯
성 불 과 오
└소리는 └지나지 않는다 └다섯에

五 聲
다섯 소리
오 성
└다섯 소리의

之 變
조사 변할
지 변
└변화는

不 可 勝 聽 也
아닐 옳을 이길 들을 조사
불 가 승 청 야
└할 수 없다 └다 들을 수

色 不
빛 아닐
색 불
└색은 └않는다

過 五
지날 다섯
과 오
└지나지 └다섯 가지에

五 色 之 變
다섯 빛 조사 변할
오 색 지 변
└다섯 색깔의 └변화는

不 可 勝
아닐 옳을 이길
불 가 승
└할 수 없다

觀 也
볼 조사
관 야
└다 볼 수

무릇 전쟁은 정(正)으로 합하고 기(奇)로써 승리하는 것이다. 예로부터 기(奇)를 잘 사용하는 사람은 (군사 운용의 방법이) 하늘, 땅과 같이 무궁무진하고 강과 바다같이 마르지 않는다. 마치는 듯 다시 시작하는 것은 해와 달이고, 죽었다가 다시 살아나는 것이 사계절이다. 소리는 다섯 가지이나 소리의 변화는 다 들을 수가 없고, 색은 다섯 가지이나 색의 변화는 다 볼 수 없다.

한번 더 생각해보기

정(正)은 정해져 있는 것, 규칙적인 것, 기준이 되는 것이라 볼 수 있습니다. 기(奇)는 그 반대이지요. 정으로 합(合)한다는 의미도 여러분이 스스로 해석해야 합니다. '바탕을 마련한다' 저는 이 정도로 생각합니다. 그리고 기(奇)로써 승리하는 것이지요. 정(正)이 바탕이 되지 않고 기(奇)만 활용해도 안 되고, 반대로 기(奇)없이 정(正)만 가지고 전투하는 것도 안 됩니다. 여러분이 교범과 여러 규정을 열심히 공부하고 참고하지만, 실제 적용하고 활용하는 것은 여러분 스스로 하는 판단이 필요합니다. 무궁무진하지요.
병세편에서 왜 정(正)과 기(奇)에 대한 언급이 나오는지 생각해야 합니다. 상식적으로 볼 때, 세(勢)에 대한 설명과 연관되어 있으니 그렇지 않겠어요? 대부분 사람들이 병세편 끝부분만 인용하면서 세를 설명하는데, 여러분은 그러지 않기를 바랍니다. 전체 흐름을 보고 큰 맥락 속에서 이해해야 합니다.

味 不 過 五 ｜ 五 味 之 變 ｜ 不

맛　아닐　지날　다섯　　　다섯　맛　조사　변할　　　아닐
미　불　과　오　　　오　미　지　변　　　불

ㄴ맛은　ㄴ지나지 않는다　ㄴ다섯 가지에　　ㄴ다섯 가지 맛의　　ㄴ변화는　　ㄴ없다

可 勝 嘗 也 ｜ 戰 勢 不 過 奇 正

옳을　이길　맛볼　조사　　　싸울　기세　아닐　지날　기이할　바를
가　승　상　야　　　전　세　불　과　기　정

ㄴ가히　ㄴ다 맛 볼 수　　ㄴ전투의 세는　ㄴ지나지 않는다　ㄴ기정에

奇 正 之 變 ｜ 不 可 勝 窮 也

기이할　바를　조사　변할　　　아닐　옳을　이길　다할　조사
기　정　지　변　　　불　가　승　궁　야

ㄴ기정의　　　　　ㄴ변화는　　ㄴ할 수 없다　ㄴ다 할 수

奇 正 相 生 ｜ 如 循 環 之 無 端

기이할　바를　서로　날　　　같을　좇을　고리　조사　없을　끝
기　정　상　생　　　여　순　환　지　무　단

ㄴ기정이　　ㄴ서로 나니, 상생하니　　ㄴ같다　ㄴ고리를 따라 도는　　ㄴ끝없이

孰 能 窮 之 哉

누구　능할　다할　조사　조사
숙　능　궁　지　재

ㄴ누가 능히　　ㄴ다하겠는가?

맛은 다섯 가지에 지나지 않으나, 그 변화는 다 맛볼 수 없다. 전세는 기정(奇正)에 지나지 않지만, 기정 변화는 고갈되지 않는다. 기와 정의 상생은 끝도 없는 순환과 같으니, 누가 그것을 다 할 수 있겠는가?

한번 더 생각해보기

같은 교범을 공부하고, 같은 규정과 제도 내에서 부대를 운영하면 다 똑같은 모습이 나올까요? 아니라는 것은 쉽게 알지요. 그것은 기정(奇正)을 운용하는 개인의 차이 때문입니다.

그리고 아주 중요한 말이 나옵니다. 전세(戰勢)는 기정(奇正)에 지나지 않는다는 것입니다. 기정을 잘 활용하는 것이 그 세(勢)를 만든다고 이야기합니다. 앞에서 아우라(aura)이야기 했었지요?

여러분들이 손자병법을 공부하고, 사서(四書)를 공부하고, 교범을 탐독하는 것은 형(形)에 해당합니다. 그것이 발휘되는 것은 때로는 기(奇)로, 때로는 정(正)으로 발휘됩니다. 그래서 그 사람의 세(勢)가 형성됩니다. 시계편에서 나왔던 내용과 일맥상통하는 면도 있습니다. 완전히 체득되어서 신념화되고 행동으로 발현되는 거지요. 누누이 말씀드립니다. 많이 생각하고 곱씹어서 여러분의 것으로 만드세요.

激 水 之 疾
격할 물 조사 빠를
격 수 지 질
└격한 물이 └빠르게 흐르는 것이

至 於 漂 石 者
이를 조사 뜰 돌 사람
지 어 표 석 자
└이르는 것이 └돌을 뜨게 하는 바에

勢 也
기세 조사
세 야
└세이다

鷙 鳥 之 疾
맹금 새 조사 빠를
지 조 지 질
└사나운 새가 └빠르게 달려들어

至 於 毁
이를 조사 헐
지 어 훼
└(먹이를) 상하게하고

折 者
꺾을 사람
절 자
└꺾는 것이

節 也
마디 조사
절 야
└절이다

是 故 善 戰 者
옳을 옛 잘할 싸울 사람
시 고 선 전 자
└그래서 예로부터 └잘 싸우는 사람은

其 勢 險
그 기세 험할
기 세 험
└그 세가 └험하고

其 節 短
그 마디 짧을
기 절 단
└그 절이 └짧다

勢 如 彍 弩
기세 같을 당길 쇠뇌
세 여 확 노
└세는 └같다 └쇠뇌를 당긴것

節 如 發 機
마디 같을 쏠 틀
절 여 발 기
└절은 └같다 └화살을 쏜 것

물이 빠르게 흘러 돌을 뜨게 만드는 것이 세(勢)이다. 사나운 새가 빠르게 달려들어 (먹이를) 꺾는 것이 절(節)이다. 그래서 예로부터 잘 싸우는 사람은 그 세가 험하고, 절은 짧다. 세는 쇠뇌(화살을 연발로 쏘는 장치)를 당긴 것 같고, 절은 화살을 쏘는 것과 같다.

한번 더 생각해보기

기와 정을 잘 혼합해서 발휘하는 세의 모습을 나타내고 있습니다. 뜨뜻미지근하게 발휘되는 것이 아니라 엄청난 힘으로 큰 돌을 옮겨 놓을 정도로 강한 것을 세(勢)가 발휘되는 모습으로 표현하고 있지요. 그리고 그것은 오래 가는 것이 아니라 아주 짧은 시간, 맹금류가 먹이를 확 낚아채는, 시위가 당겨졌다가 '탕' 튕기면서 화살이 발사되는 짧은 순간으로 절(節)을 비유하고 있습니다. 세와 절에 대한 느낌은 어느 정도 공감할 수 있을 것 같은데, 실제 그렇게 되기가 쉽지는 않을 듯합니다. 참으로 대단한 경지이지요. 그러나 그렇게 되도록 노력해야겠습니다.
여기서 형(形)도 한번 생각해보지요. 형은 무엇일까요? 잘 준비했다는 측면을 생각한다면 쇠뇌와 화살을 잘 준비하고 좋은 위치를 선점한 것을 형(形)으로 볼 수 있을 겁니다. 어려웠던 개념들을 조금씩 깨달아 가기를 바랍니다.

紛 紛 紜 紜
어지러울 어지러울 어지러울 어지러울
분 분 운 운
└어지럽고 └어지러워

鬪 亂 而 不 可 亂
싸울 어지러울 접속사 아닐 옳을 어지러울
투 란 이 불 가 란
└어지러이 싸우나 └어지럽지 않고

渾 渾 沌 沌
흐릴 흐릴 어두울 어두울
혼 혼 돈 돈
└혼란스럽게

形 圓 而 不 可 敗
모양 둥글 접속사 아닐 옳을 무너질
형 원 이 불 가 패
└둥근 모양이나 └패하지 않는다

亂 生 於 治
어지러울 날 조사 다스릴
난 생 어 치
└어지러움은 └난 것 └다스림에서

怯 生 於 勇
겁낼 날 조사 용감할
겁 생 어 용
└겁내는 것은 └난 것 └용감함에서

弱 生
약할 날
약 생
└약함은 └난 것

於 强
조사 강할
어 강
└강함에서

治 亂
다스릴 어지러울
치 란
└어지러움을 다스리는 것

數 也
셀 조사
수 야
└수이고

勇 怯
용감할 겁낼
용 겁
└용기와 겁냄은

勢 也
기세 조사
세 야
└세이고

强 弱
강할 약할
강 약
└강약은

形 也
모양 조사
형 야
└형이다

故 善 動 敵 者
옛 잘할 움직일 원수 사람
고 선 동 적 자
└예로부터 └잘하는 └적을 움직이는 것

形 之
모양 조사
형 지
└그것을 나타내서

敵 必
원수 반드시
적 필
└적이 반드시

從 之
좇을 조사
종 지
└좇게 만들고

予 之
줄 조사
여 지
└그것을 주어서

敵 必 取 之
원수 반드시 취할 조사
적 필 취 지
└적이 반드시 └취하게 한다

以 利 動 之
써 이로울 움직일 조사
이 리 동 지
└이로움으로써 └적을 움직이고

以 本 待 之
써 근본 기다릴 조사
이 본 대 지
└근본으로써 └기다린다

어지럽게 보이며 싸우는 것 같지만 어지러운 것이 아니며, 혼란스럽게 원형으로 보일지라도 패하지 않는다. 어지러움은 다스림에서 나온 것이고, 겁냄은 용기에서 나온 것이며 약함은 강함에서 나온 것이다. 어지러움을 다스리는 것은 수(분수, 편제)이고 용기와 겁냄은 세이며, 강약은 형에서 나온다.

예로부터 적을 잘 움직이는 사람은 그것을 나타내서 적이 좇게 만들고 그것을 주어서 적이 취하게 만든다. 이익으로써 적을 움직이고 근본을 갖춰 기다린다.

한번 더 생각해보기

형(形)을 잘 준비해서 기(奇)와 정(正)을 응용하여 세를 발휘합니다. 그것이 무척 혼란스럽게 보일 수 있습니다. 대열이 원형이 된다는 것은 포위당한 상황이라 생각할 수 있지요. 그런 상황에서도 패하지 않습니다. 그것들은 이미 준비된 것이기 때문이지요. 다스리는 부분이 있으니 어지러운 부분도 있고, 용감하게 나아가는 부분이 있으니 겁내는 부분도 있고 강하게 배치하는 부분이 있으니 약한 부분도 있는 겁니다. 그것을 치란(治亂), 세(勢), 형(形)과 연계하여 설명합니다.

그 뒤에 더욱 중요한 말이 나오지요. 적을 유인하는 방법입니다. 이 내용은 현대 전술에도 직접 연결되는데, 졸저, 『누구나 알 수 있는 전술이야기』, '조공부대장으로서의 임무수행' 편과 연계해서 보시기 바랍니다. 여기서는 생략하겠습니다.

故善戰者 | 求之於勢
옛 잘할 싸울 사람 | 구할 조사 조사 기세
고 선 전 자 | 구 지 어 세
└예로부터 └잘 싸우는 사람은 | └그것을 구한다 └세에서

不責於人 | 故能釋人而任勢
아닐 꾸짖을 조사 사람 | 옛 능할 버릴 사람 접속사 맡길 기세
불 책 어 인 | 고 능 석 인 이 임 세
└않는다 └꾸짖지 └사람에게 | └그래서 └능히 사람을 버리고 └세에 맡긴다

任勢者 | 其戰人也 | 如轉
맡길 기세 사람 | 그 싸울 사람 조사 | 같을 구를
임 세 자 | 기 전 인 야 | 여 전
└세에 맡기는 것은 | └사람을 싸우게 하는 것을 | └구르는 것과 같게

木石 | 木石之性 | 安則靜
나무 돌 | 나무 돌 조사 성질 | 편안할 곧 고요할
목 석 | 목 석 지 성 | 안 즉 정
└나무와 돌이 | └나무와 돌의 └성질은 | └편안하면 멈추고

危則動 | 方則止 | 圓則行
위태할 곧 움직일 | 모 곧 그칠 | 둥글 곧 다닐
위 즉 동 | 방 즉 지 | 원 즉 행
└위태하면 움직이고 | └모나면 그치고 | └둥글면 간다

故善戰人之勢 | 如轉圓石
옛 잘할 싸울 사람 조사 기세 | 같을 구를 둥글 돌
고 선 전 인 지 세 | 여 전 원 석
└그래서 └잘 싸우는 사람의 └기세는 | └같다 └구르는 것 └둥근 돌이

於千仞之山者 | 勢也
조사 일천 길 조사 뫼 사람 | 기세 조사
어 천 인 지 산 자 | 세 야
└천 길 산에서 | └그것이 세다

예로부터 잘 싸우는 사람은 세를 중시하며 사람 탓을 하지 않는다. 그래서 능히 사람보다는 세에 맡긴다. 세에 맡긴다는 것은 사람을 싸우게 하는 것을 목석을 굴리는 것같이 하는 것이다. 목석의 성질은 편안하면 멈추고, 위태하면(경사지면) 움직이고, 모나면 그치고, 둥글면 간다. 그래서 잘 싸우는 사람의 세는 천 길 낭떠러지에 둥근 돌을 굴리는 것과 같다. 이것이 세(勢)다.

한번 더 생각해보기

부대를 지휘하는 리더가 전체 흐름이 잘못되었다고 한 사람을 야단치는 것을 봅니다. 잘못된 일이라는 생각이 듭니까? 세에 맡겨야지, 사람을 책망하잖아요. 세에 맡기는 것은 누구의 역할입니까? 리더의 역할이지요. 부대가 잘 움직이지 않는다고 한탄을 하고, 부하들의 능력이 부족하다 합니다. 누굴 탓해요? 자기 자신이 문제지. 움직일 수 있는 여건을 만들어서, 경사지게도 만들고, 둥글게 만들어서 움직이게 해야지요. 명확하게 과업을 부여하고, 여건을 보장하고, 마음을 움직여서 열심히 하도록 만들어야지요. 나쁜 부대는 없다고 했습니다. 나쁜 리더가 있을 뿐이지요. 그것을 깨닫지 못하고 높은 자리에 올라가서 악한 영향력을 행사하지 않도록, 손자병법 열심히 공부하고 나부터 바로 해야겠습니다.

孫子兵法 兵勢篇 第五 挑戰!

孫子曰 凡治眾如治寡 分數是也 鬥眾如鬥寡 形名是也

三軍之眾 可使必受敵而無敗者 奇正是也 兵之所加

如以碬投卵者 虛實是也 凡戰者 以正合 以奇勝

故善出奇者 無窮如天地 不竭如江海

終而復始 日月是也 死而復生 四時是也 聲不過五

五聲之變 不可勝聽也 色不過五 五色之變 不可勝觀也

味不過五 五味之變 不可勝嘗也 戰勢不過奇正 奇正之變

不可勝窮也 奇正相生 如循環之無端 孰能窮之哉

激水之疾 至於漂石者 勢也 鷙鳥之疾 至於毀折者 節也

是故善戰者 其勢險 其節短 勢如彍弩 節如發機 紛紛紜紜

鬥亂而不可亂 渾渾沌沌 形圓而不可敗 亂生於治

怯生於勇 弱生於強 治亂 數也 勇怯 勢也 強弱 形也

故善動敵者 形之 敵必從之 予之 敵必取之 以利動之

以本待之 故善戰者 求之於勢 不責於人 故能釋人而任勢

任勢者 其戰人也 如轉木石 木石之性 安則靜 危則動

方則止 圓則行 故善戰人之勢 如轉圓石於千仞之山者

勢也

筆　記

허실편虛實篇 소개

전장에는 수많은 허(虛)와 실(實)이 나타납니다. 그것을 간파해서 나의 실(實)로 적의 허(虛)를 쳐야 합니다. 이것이 허실편의 주요 내용이지요. 허실편에는 공격과 방어의 특징적인 차이를 알 수 있는 구절도 많이 나옵니다. 무소불비 무소불과(無所不備 無所不寡)나 적수중 가사무투(敵雖衆 可使無鬪)라는 표현이지요.

허실편 후반부에는 전승불복(戰勝不復), 피실격허(避實擊虛)와 같은 주옥같은 내용이 언급됩니다. 그리고 전장의 허와 실이 계속 변하는데, 이것을 꿰뚫어 보고 승리를 이끌어내는 경지를 신의 경지라고 합니다. (能因敵變化而取勝者 謂之神) 손자병법 전편을 통해서 가장 극찬하는 부분인데요, 천천히 음미하면서 반복해서 보시면 좋겠습니다.

06

허실
虛實

孫 子 曰 │ 凡 先 處 戰 地 而 待

자손 아들 말할 / 무릇 먼저 머물 싸울 땅 접속사 기다릴
손 자 왈 / 범 선 처 전 지 이 대
└손자가 말하기를 └무릇 └먼저 도착하여 └싸움터에 └기다리면

敵 者 佚 │ 後 處 戰 地 而 趨 戰

원수 사람 편안할 / 뒤 머물 싸울 땅 접속사 좇을 싸울
적 자 일 / 후 처 전 지 이 추 전
└적을 └편안하다 └뒤에 도착해서 └싸움터에 └싸움을 좇으면

者 勞 │ 故 善 戰 者 │ 致 人 而

사람 힘쓸 / 옛 잘할 싸울 사람 / 이를 사람 접속사
자 로 / 고 선 전 자 / 치 인 이
└피곤하다 └예로부터 └잘 싸우는 사람은 └타인을 이르게 하지

不 致 於 人 │ 能 使 敵 人 自 至

아닐 이를 조사 사람 / 능할 하여금 원수 사람 스스로 이를
불 치 어 인 / 능 사 적 인 자 지
└않는다 └이름을 당함 └타인에게 └능히 └적으로 하여금 └스스로 오게

者 利 之 也 │ 能 使 敵 人 不 得

사람 이로울 조사 조사 / 능할 하여금 원수 사람 아닐 얻을
자 이 지 야 / 능 사 적 인 부 득
└하는 것은 └이로움이 이것이다 └능히 └적으로 하여금 └못 얻게 하는것

至 者 害 之 也

이를 사람 해칠 조사 조사
지 자 해 지 야
└이르는 것을 └해로움이 그것이다.

해석

    손자가 말하기를, 무릇 싸움터에 먼저 도착하여 적을 기다리는 자는 편안하다. 뒤늦게 도착하여 싸움을 좇는 자는 피곤하다. 예로부터 잘 싸우는 자는 (먼저 도착하여) 타인을 이르게 하지, 타인보다 늦게 오지 않는다. 적이 스스로 오도록 하는 것은 그것이 적에게 이롭기 때문이다. 적이 스스로 이르지 않게 하는 것은 그것이 적에게 해롭기 때문이다.

한번 더 생각해보기

기와 정을 잘 활용하여 전장의 주도권을 얻어야 합니다. 주도권은 적보다 유리한 상황이어야 주도권을 얻을 수 있지요. 주도권이 있는 쪽은 자기가 원하는 방향으로 작전을 이끌어갈 수 있고, 그것은 곧 자신이 원한 작전목적과 최종상태를 잘 구현하게 해줍니다.

대부분 공격하는 쪽이 주도권을 가질 가능성이 큽니다. 공격하는 시간과 장소를 선택하는 것은 공자 쪽이기 때문입니다. 그러나 방어를 하는 쪽도 주도권을 가질 수 있습니다. 공자가 예상하지 못한 전투력 운용을 하면 되지요. 도주하는 듯 보이다가 갑자기 뒤로 돌아서 기습적으로 공격을 하거나, 도주할 줄 알았는데 계속 머물면서 방어하거나, 예상하지 못한 방향에서 방자의 역습도 있을 수 있습니다.

마지막에 적을 유인하는 것에 대한 언급이 또 있는데요, 표현은 다르지만, 의미는 앞에 나온 것과 같습니다. 적에게 어떤 '이로움'을 주는 것이지요. 군사 운용의 기와 정, 허와 실을 잘 이용하면 주도권을 쉽게 확보할 수 있습니다.

故 敵 佚 能 勞 之 | 飽 能 飢 之

옛	원수	편안할	능할	힘쓸	조사	배부를	능할	주릴	조사
고	적	일	능	로	지	포	능	기	지

ㄴ예로부터 ㄴ적이 편안하면 ㄴ능히 수고롭게 하고   ㄴ배부르면 ㄴ능히 주리게 하고

安 能 動 之 | 出 其 所 不 趨

편안할	능할	움직일	조사	날	그	바	아닐	좇을
안	능	동	지	출	기	소	불	추

ㄴ편안하면 ㄴ능히 움직이게 하고   ㄴ나아가고 ㄴ~하는 바에 ㄴ좇지 않는

趨 其 所 不 意 | 行 千 里 而 不

좇을	그	바	아닐	뜻	다닐	일천	마을	접속사	아닐
추	기	소	불	의	행	천	리	이	불

ㄴ추격한다 ㄴ~하는 바에 ㄴ뜻하지 않은   ㄴ행군해도 ㄴ천리를

勞 者 | 行 於 無 人 之 地 也

힘쓸	사람	다닐	조사	없을	사람	조사	땅	조사
로	자	행	어	무	인	지	지	야

ㄴ피곤하지 않은 자는   ㄴ다니는 것이다 ㄴ사람이 없는 땅에

攻 而 必 取 者 | 攻 其 所 不 守 也

칠	접속사	반드시	취할	사람	칠	그	바	아닐	지킬	조사
공	이	필	취	자	공	기	소	불	수	야

ㄴ공격해서 ㄴ반드시 취하는 것은   ㄴ공격하기 때문이다 ㄴ지키지 않는 곳을

守 而 必 固 者 | 守 其 所 不 攻 也

지킬	접속사	반드시	굳을	사람	지킬	그	바	아닐	칠	조사
수	이	필	고	자	수	기	소	불	공	야

ㄴ지키되 ㄴ반드시 굳건히 하는 것은   ㄴ지키기 때문이다 ㄴ공격하지 않는 곳을

故 善 攻 者 | 敵 不 知 其 所 守

옛	잘할	칠	사람	원수	아닐	알	그	바	지킬
고	선	공	자	적	부	지	기	소	수

ㄴ예로부터 ㄴ공격을 잘 하는 사람은   ㄴ적이 ㄴ알지 못하게 ㄴ그 지키는 바를

善 守 者 | 敵 不 知 其 所 攻

잘할	지킬	사람	원수	아닐	알	그	바	칠
선	수	자	적	부	지	기	소	공

ㄴ잘 지키는 사람은   ㄴ적이 ㄴ알지 못하게 ㄴ그 공격하는 바를

그래서 적이 편안하면 수고롭게 하고, 배부르면 주리게 하고, 편안하면 움직이게 해야 한다. 적이 올 수 없는 곳에 나아가고, 적이 뜻하지 않은 곳에 추격한다. 천 리를 행군해도 피곤하지 않은 것은 사람이 없는 곳에 가기 때문이다. 공격해서 (그 목적을) 반드시 성취하는 것은 지키지 않는 곳을 공격하기 때문이다. 방어하는데 잘 지키는 것은 공격할 수 없는 곳을 지키기 때문이다. 그래서 잘 싸우는 사람은 적이 지킬 곳을 잘 모르게 하고, 잘 지키는 사람은 적이 공격할 곳을 모르게 한다.

한번 더 생각해보기

공자는 상대방이 어디를 공격하는지 모르게 해야 합니다. 적이 예상하지 못한 곳을 공격하면 효과적으로 방어하기가 어려워지니까요. 반면 방어를 하는 사람은 그것을 어떻게든 빨리 알아차려야 합니다. 시간을 최대한 많이 확보할수록 적의 공격을 잘 방어할 수 있지요.
그러나 그 이전에, 방어를 잘하는 사람은 공격하는 사람이 어디를 공격할지 모르게 한다고 합니다. 어디를 공격할지 모른다는 것은 허점과 약점이 보이지 않는다는 것입니다. 쉽지 않은 경지입니다. 그러나 허실 측면에서 손자가 보았을 때, 전투를 잘하는 것은 이런 방향이라는 것을 참고하면 좋겠습니다.

微	乎	微	乎
작을	조사	작을	조사
미	호	미	호

└ 미묘하고 미묘하다

至	於	無	形
이를	조사	없을	모양
지	어	무	형

└ 이르고 └ 형태가 없음에

神	乎
귀신	조사
신	호

└ 신기하고

神	乎
귀신	조사
신	호

└ 신기하다

至	於	無	聲
이를	조사	없을	소리
지	어	무	성

└ 이른다 └ 소리가 없음에

故	能	爲	敵
옛	능할	할	원수
고	능	위	적

└ 그래서 └ 능히 └ 적의

之	司	命
조사	맡을	목숨
지	사	명

└ 목숨을 맡는다

進	而	不	可	御	者
나아갈	접속사	아닐	옳을	막을	사람
진	이	불	가	어	자

└ 나아가되 └ 할 수 없다 └ 막을 수

衝	其	虛	也
부딪힐	그	빌	조사
충	기	허	야

└ 부딪히는 것이다 └ 빈 곳을

退	而	不	可	追	者
물러날	접속사	아닐	옳을	쫓을	사람
퇴	이	불	가	추	자

└ 물러나되 └ 할 수 없다 └ 쫓을 수

速	而	不	可	及	也
빠를	접속사	아닐	옳을	미칠	조사
속	이	불	가	급	야

└ 빨라서 └ 할 수 없다 └ 미칠 수

미묘하고 미묘하도다! 형(形)이 없는 경지구나! 신기하고 신기하다! 소리가 없는 경지구나! 그래서 능히 적의 목숨을 맡을 수 있다. 나아가되 막을 수 없는 자는 빈 곳을 치기 때문이다. 물러나되 쫓을 수 없는 자는 빨라서 미치지 못하기 때문이다.

한번 더 생각해보기

군사 운용의 형(形)이 지극해지면 무형(無形)과 무성(無聲)에 이르게 됩니다. 실제로 그렇게 형태와 소리가 없다는 말은 아니지요. 어떤 일이 내부적으로는 진행되고 있더라도, 외부에서 보는 적은 그것을 알아차리지 못한다는 말이겠지요. 요란스럽게 일을 벌려 주변에서 다 알아차리게 하는 것이 아니라, 내부적으로 조용하고 빠르게 일이 진행되는 경지를 말합니다. 그러면 이어서 나오는 이야기처럼, 공격을 하는데 적의 허를 치고, 물러나도 적이 쫓아 올 수 없도록 할 수 있습니다.

故 我 欲 戰
옛 나 하고자할 싸울
고 아 욕 전
ㄴ그래서 ㄴ내가 ㄴ싸우고자 하면

敵 雖 高 壘 深 溝
원수 비록 높을 진 깊을 도랑
적 수 고 루 심 구
ㄴ적이 비록 ㄴ망루가 높고 ㄴ구덩이가 깊어도

不 得 不 與 我 戰 者
아닐 얻을 아닐 더불 나 싸울 사람
부 득 불 여 아 전 자
ㄴ어쩔 수 없이 ㄴ더불어 ㄴ나와 ㄴ싸우는

攻 其 所
칠 그 바
공 기 소
ㄴ공격하기 때문 ㄴ바를

必 救 也
반드시 구할 조사
필 구 야
ㄴ반드시 ㄴ구해야 할

我 不 欲 戰
나 아닐 하고자할 싸울
아 불 욕 전
ㄴ내가 ㄴ하고 싶지 않다 ㄴ싸우지

雖 劃
비록 그을
수 획
ㄴ비록 ㄴ그어놓고

地 而 守 之
땅 접속사 지킬 조사
지 이 수 지
ㄴ땅에 ㄴ지킬 지라도

敵 不 得 與 我 戰
원수 아닐 얻을 더불 나 싸울
적 부 득 여 아 전
ㄴ적이 ㄴ할 수 없다 ㄴ나와 더불어 ㄴ싸울 수

者
사람
자

乖 其 所 之 也
어그러질 그 바 조사 조사
괴 기 소 지 야
ㄴ괴이하게 ㄴ그 지키는 바를

그래서 내가 싸우고자 하면 적의 망루가 높고 해자(성 주변의 구 덩이)가 깊어도 어쩔 수 없이 나와 싸울 수밖에 없다. 그것은 적이 반드시 구해야 할 곳을 공격하기 때문이다. 내가 싸우고 싶지 않 다면 비록 땅에 금을 그어놓고 지킬지라도, 적이 공격할 수 없는 것은 괴이하게 여기기 때문이다. (다른 속셈이 있을 줄 알고 공격하지 못함)

한번 더 생각해보기

적과 맞서 싸우는데, 기와 정을 마음껏 발휘하고, 그 결과 나타나는 허와 실을 잘 활용하면 이런 모습이 나타납니다. 나는 항상 여유가 있고 앞서 나가고, 주도권을 가지고 전투력을 유지하지요. 적은 항상 쫓기고 피곤하고 전투력 피해를 봅니다. 그러니 앞에서 적의 목숨을 맡아서 좌지우지한다고 이야기를 하지요. 허실편 내용이 많고 여러 가지 이야기가 나오는데, 모두 그 사례를 든 것일 뿐입니다. 같은 이야기를 반복합니다.

故	形	人	而	我	無	形	則	我	專
옛	모양	사람	접속사	나	없을	모양	곧	나	오로지
고	형	인	이	아	무	형	즉	아	전

ㄴ그래서 ㄴ남을 나타내고 ㄴ나는 무형이 되면 ㄴ나는 합쳐지고

而	敵	分	我	專	爲	一	敵	分
접속사	원수	나눌	나	오로지	할	한	원수	나눌
이	적	분	아	전	위	일	적	분

ㄴ적은 나누어진다 ㄴ나는 ㄴ오로지 ㄴ하나가 되고 ㄴ적은 나누어

爲	十	是	以	十	攻	其	一	也
할	열	옳을	써	열	칠	그	한	조사
위	십	시	이	십	공	기	일	야

ㄴ열이 되니 ㄴ이것이 ㄴ열을 가지고 ㄴ공격한다 ㄴ그 하나를

則	我	衆	敵	寡	能	以	衆	擊	寡
곧	나	무리	원수	적을	능할	써	무리	칠	적을
즉	아	중	적	과	능	이	중	격	과

ㄴ그래서 ㄴ나는 무리가 되고 ㄴ적은 적어진다 ㄴ능히 ㄴ무리로써 ㄴ적음을 치면

則	吾	之	所	與	戰	者	約	矣	吾	所
곧	나	조사	바	더불	싸울	사람	적을	조사	나	바
즉	오	지	소	여	전	자	약	의	오	소

ㄴ그러면 나와 ㄴ하는 바 ㄴ더불어 싸우는 ㄴ적어진다 ㄴ내가 ㄴ하는 바

與	戰	之	地	不	可	知	則	敵	所
더불	싸울	조사	땅	아닐	옳을	알	곧	원수	바
여	전	지	지	불	가	지	즉	적	소

ㄴ더불어 싸우는 ㄴ그 땅을 ㄴ알 수 없다 ㄴ그러면 ㄴ적은 ㄴ하는 바

備	者	多	敵	所	備	者	多	則	吾
갖출	사람	많을	원수	바	갖출	사람	많을	곧	나
비	자	다	적	소	비	자	다	즉	오

ㄴ갖춰야 하는 ㄴ많아진다 ㄴ적이 ㄴ갖출 바 ㄴ많아지면 ㄴ곧 ㄴ내가

所	與	戰	者	寡	矣
바	더불	싸울	사람	적을	조사
소	여	전	자	과	의

ㄴ하는 바 ㄴ더불어 싸우는 ㄴ적어진다.

그래서 남을 나타내고 나를 나타내지 않으면 나는 합쳐지고, 적은 나누어진다. 나는 하나로 합쳐지고 적은 열로 나누어지면, 열로써 하나를 공격하는 것이다. 따라서 나는 무리이고 적은 소수이다. 능히 무리로 소수를 칠 수 있다. 그래서 내가 더불어 싸우는 바가 적어지는 것이다.

내가 싸우는 땅을 알 수 없게 하면 적은 준비해야 할 곳이 많아진다. 준비해야 할 곳이 많으면 나와 더불어 싸우는 적은 적어질 수밖에 없는 것이다.

한번 더 생각해보기

참으로 논리 정연하게 전개를 해 나아가고 있습니다. 그리고 이런 내용이 '군사사상(軍事思想)'의 차원에서 우리 현대 전술에도 많은 영향을 주었지요. 실제 이런 표현이 교리에 반영되지는 않습니다. 그러나 공자와 방자의 입장에 대한 근본적인 내용으로, 이런 사상을 바탕으로 현대 군사이론과 교리가 정립되었습니다.
이러한 군사사상 수준의 교리를 따르지 않는 것은 전장의 마땅한 이치를 따르지 않는 것입니다. 내가 집중해서 적의 약한 부분을 공격하고, 그래서 내가 상대할 적이 소수가 된다고 했지요. 그런데 적이 집중적으로 준비한 강점을 공격하는 것은 전술의 근본 이치부터 모르는 사람이 하는 일입니다. 모공편에서 나왔던 '공격의 재앙'이지요.

故 備 前 則 後 寡 ｜ 備 後 則 前 寡

故	備	前	則	後	寡	備	後	則	前	寡
옛	갖출	앞	곧	뒤	적을	갖출	뒤	곧	앞	적을
고	비	전	즉	후	과	비	후	즉	전	과

ㄴ그래서 ㄴ앞을 대비하면 ㄴ뒤가 부족하고 ㄴ뒤를 대비하면 ㄴ앞이 부족하고

備 左 則 右 寡 ｜ 備 右 則 左 寡

備	左	則	右	寡	備	右	則	左	寡
갖출	왼	곧	오른	적을	갖출	오른	곧	왼	적을
비	좌	즉	우	과	비	우	즉	좌	과

ㄴ왼쪽을 대비하면 ㄴ오른쪽이 부족하고 ㄴ오른쪽을 대비하면 ㄴ왼쪽이 부족하고

無 所 不 備 ｜ 則 無 所 不 寡

無	所	不	備	則	無	所	不	寡
없을	바	아닐	갖출	곧	없을	바	아닐	적을
무	소	불	비	즉	무	소	불	과

ㄴ~하는 바가 없으면 ㄴ대비하지 않는 ㄴ~하는 바가 없다 ㄴ부족하지 않은

寡 者 備 人 者 也 ｜ 衆 者 使 人

寡	者	備	人	者	也	衆	者	使	人
적을	사람	갖출	사람	사람	조사	무리	사람	하여금	사람
과	자	비	인	자	야	중	자	사	인

ㄴ적은 것은 ㄴ대비하는 사람이고 ㄴ무리는 ㄴ남으로 하여금

備 己 者 也

備	己	者	也
갖출	자기	사람	조사
비	기	자	야

ㄴ갖추게 ㄴ자기를 ㄴ하는 자이다.

그래서 앞을 대비하면 뒤가 약해지고 뒤를 대비하면 앞이 약해진다. 왼쪽을 대비하면 오른쪽이 약해지고, 오른쪽을 대비하면 왼쪽이 약해진다. 대비하지 않는 바가 없으면 약하지 않은 부분이 없다. _(모두 약해진다) 대비하는 사람은 적다. 다른 사람을 대비시키는 사람은 많다.

한번 더 생각해보기

소꼬리보다 닭 머리가 낫다는 말이 있습니다. 규모가 작은 그룹이더라도 앞에서 이끌고 나아가는 것이 좋다는 말이지요. 이견도 있겠습니다만, 여기서는 아무래도 주도권을 가지고 이끄는 쪽이 유리하다고 이야기합니다. '무소불비 무소불과(無所不備 無所不寡)'는 참 새겨야 할 부분이 많은 말입니다. 전시나 평시, 우리 개인의 삶에서도 목적과 목표를 세우는 것은 그것에 집중하기 위해서입니다. 그런데 모든 것에 집중한다고 하면 거꾸로 아무것에도 집중하지 않는다는 역설에 빠지게 됩니다. 자기가 중점을 정하고 노력을 집중하면, 다른 곳은 하지 않는 것도 생깁니다. 아예 안 한다기보다 비중을 좀 낮추겠지요. 그렇게 해야 자기가 집중하는 일이 성과를 낼 수 있습니다. 모든 것을 다 잡으려 노력하면 모든 것을 다 놓칠 수 있습니다.

故 知 戰 之 地 ｜ 知 戰 之 日 ｜ 則

옛	알	싸울	조사	땅		알	싸울	조사	날		곧
고	지	전	지	지		지	전	지	일		즉

└그래서 └알면 └싸울 └땅과 └알면 └싸울 └날을 └그러면

可 千 里 而 會 戰 ｜ 不 知 戰 地

옳을	일천	마을	접속사	모일	싸울		아닐	알	싸울	땅
가	천	리	이	회	전		부	지	전	지

└가히 └천리에서도 └모여서 싸운다 └알지 못하면 └싸울 땅과

不 知 戰 日 ｜ 則 左 不 能 救 右

아닐	알	싸울	날		곧	왼	아닐	능할	구할	오른
부	지	전	일		즉	좌	불	능	구	우

└알지 못하면 └싸울 날을 └그러면 └왼쪽이 └할 수 없다 └구하다 └오른쪽을

右 不 能 救 左 ｜ 前 不 能 救 後

오른	아닐	능할	구할	왼		앞	아닐	능할	구할	뒤
우	불	능	구	좌		전	불	능	구	후

└오른쪽이 └할 수 없다 └구하다 └왼쪽을 └앞이 └할 수 없다 └구하다 └뒤를

後 不 能 救 前 ｜ 而 況 遠 者 數 十

뒤	아닐	능할	구할	앞		접속사	하물며	멀	사람	셀	열
후	불	능	구	전		이	황	원	자	수	십

└뒤가 └할 수 없다 └구하다 └앞을 └그러니 └하물며 └멀게는 └수십 리

里 近 者 數 里 乎 ｜ 以 吾 度 之

마을	가까울	사람	셀	마을	조사		써	나	헤아릴	조사
리	근	자	수	리	호		이	오	탁	지

└가깝게 └수 리는 어떻겠느냐 └이로써 └나는 └헤아리건데

越 人 之 兵 雖 多 ｜ 亦 奚 益 於 勝 哉

넘을	사람	조사	군사	비록	많을		또	어찌	더할	조사	이길	조사
월	인	지	병	수	다		역	해	익	어	승	재

└월나라 사람 └군사가 └비록 많다고 해도 └또 어찌 └이익이 되겠는가 └승리에

그래서 싸울 장소와 시간을 알면, 가히 천 리에서도 모여서 싸울 수 있다. 그러나 그 장소와 시간을 알지 못하면, 왼쪽과 오른쪽이 서로를 구하지 못하고, 앞과 뒤가 서로를 구하지 못하니, 수십 리나 수 리에 있어도, 그것이 가능하겠는가? 그래서 내가 헤아리는데, 월나라 군사가 많아도 어찌 그것이 승리에 도움이 되겠는가?

한번 더 생각해보기

노력을 하는 것이 여러 사람이라면 그 노력을 통합하는 것이 참 중요합니다. 사람들의 노력이 한 방향으로 수렴되면서도 겹치지 않고, 빈곳없이 적절하게 잘 분배되어야 하지요. 말은 쉬운데 말처럼 쉽지 않습니다.

가장 선행되어야 하는 것은 공동의 상황인식과 노력의 구심점을 정하는 일입니다. 리더의 역할이 크지요. 여기서 싸울 장소와 시간을 정하는 것은 전형적인 공자의 특권으로, 노력의 구심점을 정하는 일이기도 합니다. 전술이야기의 '결정적지지점'과 연계되지요.

이러한 구심점을 정하지 않고 노력을 하라고 다그치는 사람은 리더의 자질이 부족한 사람입니다. 아무리 가까이 있는 군사라도 같이 싸울 수 없지요. 노력을 효율적으로 통합하는 사람이 되기를 바랍니다.

故	曰	勝	可	爲	也	敵	雖	衆
옛	말할	이길	옳을	할	조사	원수	비록	무리
고	왈	승	가	위	야	적	수	중

└그래서 말하기를　└승리를 └가히 할 수 있다　└적이 비록 많아도

可	使	無	鬪	故	策	之	而	知	得	失
옳을	하여금	없을	싸울	옛	채찍	조사	접속사	알	얻을	잃을
가	사	무	투	고	책	지	이	지	득	실

└가히 └하여금 └싸우지 못하게　└그래서 └그것을 건드려서　└안다 └득실의

之	計	作	之	而	知	動	靜	之	理
조사	꾀	일으킬	조사	접속사	알	움직일	고요할	조사	마을
지	계	작	지	이	지	동	정	지	리

└계산　└그것을 일으켜서　└안다 └움직이는 곳과 움직이지 않는 이치

形	之	而	知	死	生	之	地	角	之	而
모양	조사	접속사	알	죽을	살	조사	땅	뿔	조사	접속사
형	지	이	지	사	생	지	지	각	지	이

└그것을 나타내서　└안다 └막혀있거나 통하는 땅　└그것을 건드려서

知	有	餘	不	足	之	處	故	形	兵	之
알	있을	남을	아닐	충분할	조사	살	옛	모양	군사	조사
지	유	여	부	족	지	처	고	형	병	지

└안다 └여유가 있는지 부족한지　└그 장소를　└군사의 형태가 지극하면

極	至	於	無	形	無	形	則	深	間
다할	이를	조사	없을	모양	없을	모양	곧	깊을	사이
극	지	어	무	형	무	형	즉	심	간

└이른다 └형태가 없는 것에　└형태가 없으면 └깊은 첩자도

不	能	窺	智	者	不	能	謀
아닐	능할	엿볼	지혜	사람	아닐	능할	꾀
불	능	규	지	자	불	능	모

└규명할 수 없다　└지혜로운 자도 └할 수 없다 └예측을

그래서 말하기를, 가히 승리할 수 있다. 적이 아무리 많아도 적이 싸울 수 없게 하는 것이다. 그래서 적을 건드려서 득실 계산해 보고, 적을 일으켜서 움직이는 곳과 고요한 곳을 알아보고, 적을 나타내서 막힌 곳과 통하는 곳을 알아보고, 적을 건드려서 여유 있는 곳과 부족한 곳을 알아본다. 군사의 형태가 지극하면 무형의 경지에 이른다. 무형이 되면 깊이 들어와 있는 첩자도 규명하지 못하고, 지혜로운 자도 예측하지 못한다.

한번 더 생각해보기

잘 싸우는 사람은 많은 적을 상대해서도 싸울 수 있습니다. 적은 병력으로 많은 적을 맞서 싸우는 것은 쉬운 일은 아니지요. 모공편에서도 적은 병력으로 싸우고자 하면 사로잡힌다고 했습니다. 그런데 여기서 그것이 가능하다고 하는 이유를 이 문구가 표현하네요. '월나라 군사가 많아도 어찌 도움이 되겠는가? 적이 많아도 가히 싸울 수 없게 한다.' 나의 병력이 적보다 적으면, 내가 담당할 수 있는 싸움만 할 수 있도록 형(形)을 준비해야 합니다. 그런 형국이 되면 적이 많아도 싸우지 못하게 만들 수 있지요. 이순신 장군의 '명량해전'처럼요. 그런 형(形)이 지극해지면 무형에 이르러서, 어떤 준비가 진행되는지도 알아채지 못한다는 것입니다. 군형편의 이야기와 연결되는 말이지요. 이미 이길 수 있는 형국을 만든다는 것은 대단한 수준의 고수라 하겠습니다.

因 形 而 措 勝 於 衆 ｜ 衆 不 能 知

인할　모양　접속사　둘　이길　조사　무리　　무리　아닐　능할　알
인　　형　　이　　조　　승　　어　　중　　　중　　불　　능　　지

└형으로 인하여　└승리를 만들어감　└많은 무리에게　└무리들은　└알지 못한다

人 皆 知 我 所 以 勝 之 形 ｜ 而 莫

사람　모두　알　나　바　써　이길　조사　모양　　접속사　없을
인　　개　　지　아　소　이　승　　지　　형　　　이　　　막

└사람들은　└모두　└안다　└내가　└~하는 바　└승리하는　└형으로　└그러나　└없다

知 吾 所 以 制 勝 之 形 ｜ 故 其 戰

알　나　바　써　마를　이길　조사　모양　　옛　그　싸울
지　오　소　이　제　　승　　지　　형　　고　기　전

└아는　└내가　└~하는 바　└승리를 만들어간　└형으로써　└그래서 그　└싸움의

勝 不 復 ｜ 而 應 形 於 無 窮 ｜ 夫

이길　아닐　돌아올　　접속사　응할　모양　조사　없을　다할　　대저
승　　불　　복　　　　이　　응　　형　　어　　무　　궁　　　부

└승리가　└반복되지 않는다　└그리고　└형을 응용하는 것은　└다함이 없다　└대체로

兵 形 象 水 ｜ 水 之 形 ｜ 避 高 而

군사　모양　모양　물　　물　조사　모양　　피할　높을　접속사
병　　형　　상　　수　　수　지　　형　　피　　고　　이

└군사 운용의 형은　└물과 닮았다　└물의　└형은　└높은 곳을 피하고

趨 下 ｜ 兵 之 形 ｜ 避 實 而 擊 虛

좇을　아래　　군사　조사　모양　　피할　열매　접속사　칠　빌
추　　하　　　병　　지　　형　　피　　실　　이　　격　허

└낮은 곳을 좇는다　└군사의 형도　└실한곳을 피하고　└허한 곳을 친다

형으로 인하여 적에게 승리하지만, (왜 졌는지) 적은 알지 못한다. 사람들은 모두 내가 승리하는 모습을 본다. 그러나 내가 승리를 만들어간 모습을 아는 사람은 없다. 그래서 그 승리가 다시 반복되지 않는 것이다. 그리고 그 형을 응용하는 것은 무궁무진하다. 대체로 군사 운용의 형은 물과 닮았다. 물은 높은 곳을 피하고 낮은 곳으로 흐른다. 군사 운용도 실한 곳은 피하고 허한 곳을 친다.

한번 더 생각해보기

전승불복(戰勝不復). 중요한 말입니다. 내가 기와 정을 잘 운용해서 형(形)을 잘 만들면, 승리하지요. 그런데 그런 승리는 잘 드러나지도 않습니다. 요란하지 않지요. 사람들은 그냥 '그렇게 이기는구나'라고 특별한 생각 없이 보지만, 그 승리의 과정을 어떻게 만들어갔는지 아는 사람은 아무도 없습니다. 그래서 승리가 다시 반복되지 않는다는 것이지요. 겉으로 나타난 모양만 보고 남이 따라서 한다고 그것이 어떻게 되겠습니까? 그리고 나의 응형(應形)은 무궁하니까 적은 예측을 못 하는 겁니다.

그 밑에 나온 말, 피실격허(避實擊虛)도 참 중요한 말입니다. 여러분은 이런 말을 인용하거나 설명할 때, 단편적인 그 용어만 가지고 설명하지 말고, 앞뒤 맥락을 잘 갖춰서 문단 전체를 설명할 수 있는 능력을 갖추기 바랍니다.

水因地而制流 | 兵因敵而制勝

물	인할	땅	접속사	마를	흐를	군사	인할	원수	접속사	마를	이길
수	인	지	이	제	류	병	인	적	이	제	승

└물은 └땅으로 인해 └흐름을 제어하고 └군사는 └적으로 인해 └승리를 제어한다

故兵無常勢 | 水無常形 | 能

옛	군사	없을	항상	기세	물	없을	항상	모양	능할
고	병	무	상	세	수	무	상	형	능

└예로부터 └군사는 └없다 └일정한 기세 └물은 └없다 └일정한 모양 └능히

因敵變化而取勝者 | 謂之神

인할	원수	변할	될	접속사	취할	이길	사람	이를	조사	귀신
인	적	변	화	이	취	승	자	위	지	신

└인해 └적의 └변화 └취하는 자 └승리를 └이르러 └신의 경지

故五行無常勝 | 四時無常位

옛	다섯	다닐	없을	항상	이길	넷	때	없을	항상	자리
고	오	행	무	상	승	사	시	무	상	위

└그래서 └오행도 └없다 └항상 올라가는게 └사시도 └없다 └항상 자리가

日有短長 | 月有死生

날	있을	짧을	길	달	있을	죽을	살
일	유	단	장	월	유	사	생

└해도 └있다 └짧고 길고 └달도 └있다 └죽고 사는 것

물은 땅으로 인해 흐름을 제어한다. 군사는 적으로 인해 승리를 제어한다. 그래서 군사에는 일정한 기세가 없고, 물은 일정한 모양이 없다. (그런 상황인데) 적의 변화로 인해 승리를 얻어내는 자는 신의 경지이다. 오행은 항상 올라가는 것이 없다. 사계절도 항상 있는 때가 없다. 해도 길고 짧음이 있고, 달도 이지러지고 찬다.

한번 더 생각해보기

군대와 조직은 내, 외부적으로 지속적인 활동이 이루어지는 유기체입니다. 계속 변하지요. 의사결정도 다층적으로 이루어지기 때문에 어느 시점에서 허(虛)하거나 실(實)한 곳이 항상 똑같지 않습니다. 중간 관리자의 활약으로 갑자기 실한 곳이 나타날 수도 있고, 알지 못하는 요인으로 허한 곳이 될 수 있습니다.

모든 자연 현상과 원리가 그와 같다고 마지막에 이야기하지요. 그렇게 변화하는 가운데, 냉철한 판단력으로 적과 나의 허와 실을 꿰뚫어 보고 군사력을 운용해서 승리를 이끌어 내는 사람은 가히 신의 경지라고 이야기를 합니다.

허실편이 끝났습니다. 여러분이 이 내용을 잘 읽고 전장의 원리를 깨달았다면, '피실격허를 꼭 해야 하나?' 항변하지는 않겠지요.

손자병법은 전리(戰理, 전장의 마땅한 이치)를 깨닫게 해줍니다.

孫子兵法 虛實篇 第六 挑戰! ①

　孫子曰 凡先處戰地而待敵者佚 後處戰地而趨戰者勞

故善戰者 致人而不致於人 能使敵人自至者 利之也

能使敵人不得至者 害之也

故敵佚能勞之 飽能飢之 安能動之 出其所不趨

趨其所不意 行千里而不勞者 行於無人之地也 攻而必取者

攻其所不守也 守而必固者 守其所不攻也 故善攻者

敵不知其所守 善守者 敵不知其所攻 微乎微乎 至於無形

神乎神乎 至於無聲 故能爲敵之司命 進而不可御者

衝其虛也 退而不可追者 速而不可及也

故我欲戰 敵雖高壘深溝 不得不與我戰者 攻其所必救也

我不欲戰 雖劃地而守之 敵不得與我戰者 乖其所之也

故形人而我無形 則我專而敵分 我專爲一 敵分爲十

是以十攻其一也 則我衆敵寡 能以衆擊寡 則吾之所與戰者

約矣 吾所與戰之地不可知 則敵所備者多 敵所備者多

則吾所與戰者寡矣

筆　記　①

孫子兵法 虛實篇 第六 挑戰! ②

故備前則後寡 備後則前寡 備左則右寡 備右則左寡

無所不備 則無所不寡 寡者 備人者也 衆者 使人備己者也

故知戰之地 知戰之日 則可千里而會戰 不知戰地

不知戰日 則左不能救右 右不能救左 前不能救後

後不能救前 而況遠者數十里 近者數里乎 以吾度之

越人之兵雖多 亦奚益於勝哉 故曰 勝可爲也

敵雖衆可使無鬪 故策之而知得失之計 作之而知動靜之理

形之而知死生之地 角之而知有餘不足之處 故形兵之極

至於無形 無形則深間不能窺 智者不能謀 因形而措勝於衆

衆不能知 人皆知我所以勝之形 而莫知吾所以制勝之形

故其戰勝不復 而應形於無窮 夫兵形象水 水之形

避高而趨下 兵之形 避實而擊虛 水因地而制流

兵因敵而制勝 故兵無常勢 水無常形 能因敵變化而取勝者

謂之神 故五行無常勝 四時無常位 日有短長 月有死生

筆　記　②

군쟁편軍爭篇 소개

군쟁편은 군사 운용에 있어 '경중완급을 얼마나 잘 다스리느냐?'하는 내용을 담고 있습니다. 모든 것을 몰아처서 급하게 처리하는 것은 좋지 않다고 이야기합니다. 그렇게 얻는 이익보다는 생각하지 못한 곳에서 오히려 손해가 발생한다는 것이지요.

늦게 시작해서 천천히 가는 듯해도 결국 앞서가게 되는 것이 앞의 상황보다는 훨씬 낫습니다. 우직지계(迂直之計)라는 말로 그것을 표현하고 있지요.

흔히 인생을 '속도'보다 '방향'이라고 하는데요, 군쟁의 지혜와 일맥상통하는 내용이라 하겠습니다. 그러나 군쟁에서는 항상 천천히 가는 것뿐 아니라, 때로는 천둥 번개와 같은 신속함이 필요하다고 하는 차이도 있습니다.

07

군쟁

軍爭

孫 子 曰
자손 아들 말할
손 자 왈
└손자가 말하기를

凡 用 兵 之 法
무릇 쓸 군사 조사 법
범 용 병 지 법
└무릇 └쓰는 └군사를 └법

將 受 命 於 君
장수 받을 목숨 조사 임금
장 수 명 어 군
└장수가 └명을 받아 └임금에게

合 軍 聚 衆
합할 군사 모일 무리
합 군 취 중
└군을 합하여 └무리를 모아서

交 和 而 舍
사귈 화할 접속사 집
교 화 이 사
└화합하게 하여 └집에 머물 때

莫 難 於 軍 爭
없을 어려울 조사 군사 다툴
막 난 어 군 쟁
└없다 └어려운 것이 └군쟁보다

軍 爭 之 難 者
군사 다툴 조사 어려울 사람
군 쟁 지 난 자
└군쟁이 └어려운 것은

以 迂 爲 直
써 에돌 할 곧을
이 우 위 직
└돌아가는 것은 └곧은 것으로 하기 때문

以 患 爲 利
써 근심 할 이로울
이 환 위 리
└근심을 └이익으로 만들기 때문

故 迂 其 途
옛 에돌 그 길
고 우 기 도
└그래서 └돌아가며 └그 길을

而
접속사
이

誘 之 以 利
꾈 조사 써 이로울
유 지 이 리
└그것을 유도해서 └이로움으로

後 人 發
뒤 사람 쏠
후 인 발
└뒤에 사람 └출발하여

先 人 至
먼저 사람 이를
선 인 지
└먼저 사람 └이름

此 知 迂 直 之 計 者 也
이 알 에돌 곧을 조사 꾀 사람 조사
차 지 우 직 지 계 자 야
└이것이 └안다 └우직지계를 └아는 자

손자가 말하기를 무릇 용병을 하는데, 장수가 임금의 명을 받아 군사와 무리를 모으고, 잘 합하여 숙영하게 할 때 군쟁보다 어려운 것이 없다. 군쟁이 어려운 것은 돌아가는 것을 곧바로 가는 것으로 해야 하고, 근심을 이로움으로 하기 때문이다. 그래서 그 길을 돌아가는데, 이로움으로 유도해서 나중에 출발한 사람이 먼저 도착하니, 그것이 우직지계를 아는 자이다.

한번 더 생각해보기

군쟁(軍爭)이란 군(軍) 내부의 일을 처리하며 생기는 마찰에 대해 이를 해결하는 과정을 말합니다. 임금이 명을 주어 군사를 모집하고 큰 부대를 만들어 어디에 숙영을 시키려면 얼마나 난리겠어요? 해결해야 할 일이 산더미같이 많지요. 많은 고민을 통해서 어떤 것은 빨리 해결하고, 어떤 것은 시간이 지나면서 자연히 해결되는데, '전체적으로 어떤 템포를 가지고 일을 처리하나?' 이것이 중요한 문제입니다. 결국 중요한 것은 이런 일들을 처리하는 과정에서 돌아가는 듯해도 빨리 가고, 뒤늦게 시작했어도 빨리 끝나게 하는 것이지요. 그것을 이르러 우직지계(迂直之計)를 아는 사람이라고 합니다.

앞으로도 계속 나오지만, 항상 계속되는 일을 번아웃(burnout)되도록 무리하게 하는 것은 군쟁의 시각에서 좋지 않습니다. 우리의 삶도 그렇다고 저는 생각합니다.

故	軍	爭	爲	利	軍	爭	爲	危
옛	군사	다툴	할	이로울	군사	다툴	할	위태할
고	군	쟁	위	리	군	쟁	위	위

└그래서 └군쟁은 └된다 └이로움이 │ └군쟁은 └된다 └위태로움이

擧	軍	而	爭	利	則	不	及	委	軍
들	군사	접속사	다툴	이로울	곧	아닐	미칠	맡길	군사
거	군	이	쟁	리	즉	불	급	위	군

└들어서 └군사를 └이익을 다투면 └미치지 못하고 │ └위임 └군사를

而	爭	利	則	輜	重	捐	是	故
접속사	다툴	이로울	곧	짐수레	무거울	버릴	옳을	옛
이	쟁	리	즉	치	중	연	시	고

└이익을 다투면 │ └곧 └치중(보급부대)이 버려진다 └이러한 이유로

捲	甲	而	趨	日	夜	不	處
말	껍질	접속사	달릴	날	밤	아닐	살
권	갑	이	추	일	야	불	처

└갑옷을 말아올리고 └달려서 │ └낮이나 밤이나 └않고 └처하지

倍	道	兼	行	百	里	而	爭	利
곱	길	겸할	다닐	일백	마을	접속사	다툴	이로울
배	도	겸	행	백	리	이	쟁	리

└두 배 길을 └겸해 가면 │ └백 리를 가서 └이익을 다투면

則	擒	三	將	軍	勁	者	先
곧	사로잡을	셋	장수	군사	굳셀	사람	먼저
즉	금	삼	장	군	경	자	선

└사로잡힌다 └삼장군이 │ └굳센 사람은 └먼저 가고

疲	者	後	其	法	十	一	而	至
지칠	사람	뒤	그	법	열	한	접속사	이를
피	자	후	기	법	십	일	이	지

└지친 사람은 └뒤에 가니 │ └그 법이 └열에 하나만 └이른다

그래서 군쟁은 이로움이 되기도 하고, 위태로움이 되기도 한다. 군사 전체를 들어서 움직이면 (둔하여) 미치지 못하고,

(일부) 군사에게 위임하여 움직이면, (너무 빨라서) 보급부대가 따라가지 못한다. 그래서 갑옷을 말아 올리고 밤낮으로 두 배의 길을 강행군하여 백 리를 가면 굳센 사람은 앞에, 지친 사람은 뒤에 떨어져서 열 중에 하나만 도착한다.

한번 더 생각해보기

단체 달리기를 해본 경험이 다 있을겁니다. 강인한 체력을 기본바탕으로 하는 군인에게는 필수적인 운동이지요. 그런데 너무 빨리 달려서 대오를 유지하지 못하고 다 흐트러질 때가 있습니다. 이 글의 내용처럼 굳센 사람과 지친 사람이 다 흩어지지요.

물론 체력을 단련하기 위해 빨리 뛰는 것도 좋습니다. 그러나 전술적 이동의 일환이라면, 전투원 모두가 온전하게 이동할 수 있도록 하는 것이 좋습니다. 도착해서 다른 전투 임무를 수행해야 하는데, 몇몇이 도착하지 못했으면 어쩌겠어요? 적의 공격으로부터도 취약하지요. 평시 업무도 마찬가지입니다. 앞에서 언급했지요. 잘 유념해야겠습니다. 그래서 군쟁은 이로움이 될 수도 있지만, 위태로움이 될 수도 있습니다.

五	十	里	而	爭	利	則	蹶	上	將	軍
다섯	열	마을	접속사	다툴	이로울	곧	넘어질	윗	장수	군사
오	십	리	이	쟁	리	즉	궐	상	장	군

└오십 리를　　　　└이로움을 다투면　└그러면　└넘어진다　└상장군이

其	法	半	至	三	十	里	而	爭	利	則
그	법	반	이를	셋	열	마을	접속사	다툴	이로울	곧
기	법	반	지	삼	십	리	이	쟁	리	즉

└그 법이　└반만 이른다　└삼십 리를　　　　└이로움을 다투면

三	分	之	二	至	是	故	軍	無	輜	重
셋	나눌	조사	두	이를	옳을	옛	군사	없을	짐수레	무거울
삼	분	지	이	지	시	고	군	무	치	중

└삼분의 이만 이른다　　└그래서 예로부터　└군사가　└보급이 없으면

則	亡	無	糧	食	則	亡	無	委	積
곧	망할	없을	양식	먹을	곧	망할	없을	맡길	쌓을
즉	망	무	양	식	즉	망	무	위	적

└망하고　└양식이 없으면　└망하고　　└쌓아놓은 것이 없으면

則	亡	故	不	知	諸	侯	之	謀	者
곧	망할	옛	아닐	알	모두	임금	조사	꾀	사람
즉	망	고	부	지	제	후	지	모	자

└망한다　└그래서　└알지 못하면　└제후의　　　└꾀를

不	能	豫	交	不	知	山	林	險	阻	沮
아닐	능할	미리	사귈	아닐	알	뫼	수풀	험할	험할	막을
불	능	예	교	부	지	산	림	험	조	저

└할 수 없다　└미리 외교를　└알지 못하면　└산림과　└험한 것과　└물과

澤	之	形	者	不	能	行	軍	不	用
못	조사	모양	사람	아닐	능할	다닐	군사	아닐	쓸
택	지	형	자	불	능	행	군	불	용

└연못의　　└형태　└할 수 없다.　└행군을　└쓰지 않으면

鄕	導	者	不	能	得	地	利
시골	이끌	사람	아닐	능할	얻을	땅	이로울
향	도	자	불	능	득	지	리

└지역의 인도자　└얻을 수 없다　└지형의 이로움을

　오십 리를 강행군하면 상장군이 쓰러지고 반만 도착한다. 삼십 리를 강행군하면 삼 분의 이만 이른다. 그래서 군사가 보급차가 없어 망하고, 양식이 없어 망하고, 쌓아놓은 물자가 없어서 망한다. 제후의 꾀를 알지 못하는 사람은 미리 외교를 할 수 없다. 산림과 험한 곳, 저수지와 연못을 알지 못하면 행군을 할 수 없다. 지역 인도자를 쓰지 않으면 지형의 이점을 활용하지 못한다.

한번 더 생각해보기

모든 것은 주변 상황을 익히 통달하는 것에서 시작해야 합니다. 전술에서 상황을 파악하는 요소를 'METT+TC' 라는 약어로 많이들 이야기하지요. 우리 주변을 둘러싼 상황은 매우 중요하고, 그것을 인식해서 적절한 조치 방안을 찾는 것이 전술의 시작점입니다. 아무리 군쟁을 잘 알고, 템포를 조절한다고 해도, 주변 제후들의 노림수를 모르고서는 대처가 안 됩니다. 산의 모양새를 모르고서는 행군이 안 되고요. 그래서 지역 인도자를 채용해야 그 지역도 잘 알고 이점을 활용할 수 있습니다.

어떤 사람이 훌륭한 품성과 능력을 보유하고 있더라도 좋은 성과를 내기 위해서는 상황을 잘 알아야 합니다. 상황을 잘 알고 군쟁을 관리해야 일을 효율적으로 할 수 있습니다.

故 兵 以 詐 立
옛 군사 써 속일 설
고 병 이 사 립
└ 예로부터 └ 군사운용은 └ 속임수를 쓰고

以 利 動
써 이로울 움직일
이 리 동
└ 이익에 따라 └ 움직인다

以 分
써 나눌
이 분
└ 으로써 └ 나뉘고

合 爲 變 者 也
합할 할 변할 사람 조사
합 위 변 자 야
└ 합함 └ 변한다

故 其 疾 如 風
옛 그 빠를 같을 바람
고 기 질 여 풍
└ 그래서 └ 그 빠르기가 └ 바람 같고

其 徐 如 林
그 천천할 같을 수풀
기 서 여 림
└ 천천히 갈 때는 └ 산림같고

侵 掠 如 火
침노할 노략질 같을 불
침 략 여 화
└ 침략할때는 └ 불과 같고

不 動
아닐 움직일
부 동
└ 움직이지 않을때는

如 山
같을 뫼
여 산
└ 산과 같다

難 知 如 陰
어려울 알 같을 응달
난 지 여 음
└ 알기 어려움은 └ 응달과 같다

動 如 雷 震
움직일 같을 우레 벼락
동 여 뇌 진
└ 움직일 때는 └ 우레와 벼락같다

掠 鄕 分 衆
노략질 시골 나눌 무리
략 향 분 중
└ 시골을 공략할때는 └ 무리를 나누고

廓 地 分 利
둘레 땅 나눌 이로울
곽 지 분 리
└ 땅을 나눈다 └ 이로움을 나누어

懸 權
매달 저울추
현 권
└ 권력을 재보고

而 動
접속사 움직일
이 동
└ (그에 따라) 움직인다.

先 知 迂 直 之 計 者 勝
먼저 알 에돌 곧을 조사 꾀 사람 이길
선 지 우 직 지 계 자 승
└ 먼저 └ 아는 └ 우직지계를 └ 사람이 이긴다

此 軍 爭 之 法 也
이 군사 다툴 조사 법 조사
차 군 쟁 지 법 야
└ 이것이 └ 군쟁의 법이다.

해석

　예로부터 군사 운용은 속임수를 쓴다. 이로움으로써 움직이고, 나누어졌다가 합하여 변화한다. 그래서 그 빠르기가 바람 같고, 천천히 갈 때는 산림과 같다. 침략할 때는 불과 같고, 산과 같이 움직이지 않는다. 음지와 같이 알기 어렵고, 우레와 벼락같이 움직인다. 시골을 공략할 때는 무리를 나누고, 이로움에 따라 구역을 지정하며, 권력에 따라 움직인다. 우직지계를 먼저 아는 자가 이기니, 이것이 군쟁의 법이다.

한번 더 생각해보기

군쟁의 핵심은 자기 부대의 능력에 맞춰 달릴 때 달리고, 멈출 때 멈추는 것입니다. 그것도 앞에서 언급한 대로 상황에 맞춰서 말이지요. 군쟁편 이야기의 흐름을 보면 개요라고 할 수 있는 부분이 나오고요, 그 이후에 자기 능력도 고려하지 않고 열심히 달리기만 하는 것에 대해 폐해를 이야기합니다. 그다음 상황에 맞춰서 해야 한다는 이야기가 나오지요. 그리고 지금 이야기하는 것은 상황에 따라서 빨리 달리기도 하고, 멈추기도 한다는 것입니다. 대신, 어정쩡하게 하지 말고 확실하게, 빠를 때는 바람같이 빠르고, 멈출 때는 산같이 멈추라는 것입니다.
부대를 운영하는 것도 그렇습니다. 어떤 구심점을 향해 달려갈 때 무조건 무리하지 말고, 충분한 여건을 마련해서 처음에는 늦게 가는 것같이 보여도 일단 시작해서는 짧고 굵게 효율적으로 해야 합니다. 그리고 끝나고 성과를 냈을 때는 충분한 휴식과 포상 등 보상을 해야 하지요. 그것이 결국 우직지계를 잘 아는 것이고, 군쟁을 잘하는 비결입니다.

軍 政 日　｜　言 不 相 聞　｜　故 爲

군사　정사　말할　｜　말씀　아닐　서로　들을　｜　옛　할
군　정　왈　｜　언　불　상　문　｜　고　위

ㄴ 군정(병서 이름)에 말하기를　ㄴ 말이　ㄴ 아니다　ㄴ 서로 들리지　ㄴ 그래서　ㄴ 한다

金 鼓　｜　視 不 相 見　｜　故 爲 旌 旗

쇠　북　｜　볼　아닐　서로　볼　｜　옛　할　기　기
금　고　｜　시　불　상　견　｜　고　위　정　기

ㄴ 징과 북　ㄴ 눈이　ㄴ 아니다　ㄴ 서로 보이지　ㄴ 그래서　ㄴ 한다　ㄴ 깃발을

夫 金 鼓 旌 旗 者　｜　所 以 一 人

무릇　쇠　북　기　기　사람　｜　바　써　한　사람
부　금　고　정　기　자　｜　소　이　일　인

ㄴ 무릇　ㄴ 징과 북　ㄴ 깃발은　ㄴ ~로써 하는 바이다　ㄴ 한 사람의

之 耳 目 也　｜　人 旣 專 一　｜　則

조사　귀　눈　조사　｜　사람　이미　오로지　한　｜　곧
지　이　목　야　｜　인　기　전　일　｜　즉

ㄴ 귀와 눈처럼 하기 위해서　ㄴ 사람이　ㄴ 이미　ㄴ 하나로 되면

勇 者 不 得 獨 進　｜　怯 者 不 得

용감할　사람　아닐　얻을　홀로　나아갈　｜　겁낼　사람　아닐　얻을
용　자　부　득　독　진　｜　겁　자　부　득

ㄴ 용감한 자도　ㄴ 할 수 없다　ㄴ 홀로 나아갈 수　ㄴ 겁 많은 자도　ㄴ 할 수 없다

獨 退　｜　此 用 衆 之 法 也　｜　故

홀로　물러날　｜　이　쓸　무리　조사　법　조사　｜　옛
독　퇴　｜　차　용　중　지　법　야　｜　고

ㄴ 혼자 물러날 수　ㄴ 이것이　ㄴ 무리를 쓰는　ㄴ 방법이다　ㄴ 그래서

夜 戰 多 火 鼓　｜　晝 戰 多 旌 旗

밤　싸울　많을　불　북　｜　낮　싸울　많을　기　기
야　전　다　화　고　｜　주　전　다　정　기

ㄴ 야간 전투에는　ㄴ 많다　ㄴ 불과 북이　ㄴ 주간 전투에는　ㄴ 많다　ㄴ 깃발이

所 以 變 人 之 耳 目 也

바　써　변할　사람　조사　귀　눈　조사
소　이　변　인　지　이　목　야

ㄴ ~로써 하는 바　ㄴ 변하게　ㄴ 사람의　ㄴ 귀와 눈이

군정에 말하기를 말이 서로 들리지 않아 징과 북을 사용하고 눈이 서로 보이지 않아 깃발을 사용한다. 무릇 징과 북, 깃발은 사람들의 눈과 귀를 하나로 만드는 것이다. 사람들이 하나가 되면 용감한 자도 혼자 나아가지 않고, 겁많은 자도 혼자 물러서지 않는다. 이것이 무리로 움직일 때의 법칙이다. 그래서 야간 전투에는 불과 북이 많이 사용되고, 주간 전투에는 깃발이 많이 사용된다. 이것은 (상황에 맞추어) 눈과 귀의 변화에 따라 사용하는 것이다.

한번 더 생각해보기

무전기가 있는 현대에는 옛날보다 전장의 의사소통이 무척 쉬운 편입니다. 그런 것이 없었던 시대에는 여기에 나오는 것처럼 여러 가지 도구를 사용했지요.
그러나 현대의 무전기가 저절로 의사소통을 잘하게 해주는 것은 아닙니다. 무선통화법과 여러 규칙을 잘 익히고 준수해야 하지요. 또한 모두가 사용법을 숙달하고 효율적인 운용 방법을 강구해야 합니다. 여기에 징과 북, 깃발이 나왔지만, 사전에 약정된 신호가 있었겠지요. 그 신호를 전투에 참가하는 아군은 다 알고 있었을겁니다.
어떤 수단이나 장비가 있으면 그것을 최적화시켜서 운용하는 방법을 계속 고민해야 합니다. 무전기가 있다고 그냥 의사소통되는 것이 아니라는 말이지요. 고민을 많이 해서, 상황에 맞춰 내가 가진 수단을 잘 활용하는 것이 군쟁을 잘하는 방법입니다.

故三軍可奪氣 將軍可奪心

故 옛 고 ㄴ그래서 / 三 셋 삼 ㄴ삼군은 / 軍 군사 군 / 可 옳을 가 ㄴ가히 / 奪 빼앗을 탈 ㄴ빼앗고 / 氣 기운 기 ㄴ기운을
將 장수 장 ㄴ장군 / 軍 군사 군 / 可 옳을 가 ㄴ가히 / 奪 빼앗을 탈 ㄴ빼앗는다 / 心 마음 심 ㄴ마음을

是故朝氣銳 晝氣惰 暮

是 옳을 시 ㄴ예로부터 / 故 옛 고 / 朝 아침 조 ㄴ아침의 기운은 / 氣 기운 기 / 銳 날카로울 예 ㄴ예리하고
晝 낮 주 ㄴ낮의 기운은 / 氣 기운 기 / 惰 게으를 타 ㄴ게으르며
暮 저물 모 ㄴ저녁은

氣歸 故善用兵者 避其

氣 기운 기 ㄴ기운이 돌아가니 / 歸 돌아갈 귀
故 옛 고 ㄴ그래서 / 善 잘할 선 ㄴ잘 하는 / 用 쓸 용 / 兵 군사 병 ㄴ군사운용을 / 者 사람 자 ㄴ사람은
避 피할 피 ㄴ피하고 / 其 그 기

銳氣 擊其惰歸 此治氣

銳 날카로울 예 ㄴ예리한 기운을 / 氣 기운 기
擊 칠 격 ㄴ친다 / 其 그 기 / 惰 게으를 타 ㄴ게으르고 돌아갈 때 / 歸 돌아갈 귀
此 이 차 ㄴ이것이 / 治 다스릴 치 ㄴ기를 다스리는 / 氣 기운 기

者也 以治待亂 以靜待譁

者 사람 자 ㄴ것이다 / 也 조사 야
以 써 이 ㄴ다스림으로써 / 治 다스릴 치 / 待 기다릴 대 ㄴ기다리고 / 亂 어지러울 란 ㄴ어지러움
以 써 이 ㄴ고요함으로 / 靜 고요할 정 / 待 기다릴 대 ㄴ기다린다 / 譁 시끄러울 화 ㄴ시끄러움

此治心者也 以近待遠

此 이 차 ㄴ이것이 / 治 다스릴 치 ㄴ다스리는 / 心 마음 심 ㄴ마음을 / 者 사람 자 / 也 조사 야 ㄴ것이다
以 써 이 ㄴ가까움으로 / 近 가까울 근 / 待 기다릴 대 ㄴ기다린다 / 遠 멀 원 ㄴ먼 것을

以佚待勞 以飽待飢 此

以 써 이 ㄴ편안함으로 / 佚 편할 일 / 待 기다릴 대 ㄴ기다린다 / 勞 일할 로 ㄴ수고로움
以 써 이 ㄴ배부름으로써 / 飽 배부를 포 / 待 기다릴 대 ㄴ기다린다 / 飢 주릴 기 ㄴ주림을
此 이 차 ㄴ이것이

治力者也

治 다스릴 치 ㄴ다스리는 / 力 힘 력 ㄴ힘을 / 者 사람 자 ㄴ자이다 / 也 조사 야

그래서 삼군은 기운을 빼앗고 장군은 그 마음을 빼앗는다. 아침의 기운은 날카롭고, 낮에는 게을러지며, 저녁때는 돌아간다. 잘 싸우는 사람은 그 날카로운 기운을 피하고 게을러지고 돌아갈 때를 친다. 이것이 기운을 다스리는 것이다. 다스려짐으로 어지러움을 기다리고 고요함으로 시끄러움을 기다린다. 이것은 마음을 다스리는 것이다. 편안함으로써 수고로움을 기다리고 배부름으로써 주림을 기다린다. 이것이 힘을 다스리는 것이다.

한번 더 생각해보기

상황에 맞게 군쟁을 잘하는 것을 치기(治氣), 치심(治心), 치력(治力), 다음 장에 나오는 치변(治變)까지 네 가지로 설명하고 있습니다. 사람 기운의 특성을 잘 파악하고 그에 맞춰서 예리한 때를 피하고 게을러지고 수그러드는 때를 치는 것이지요.
'삼군은 기운을 빼앗고, 장군은 마음을 빼앗는다.'라는 말을 정확히 해석할 수 있는 사람은 없을 겁니다. 저도 그렇습니다. 나름의 해석을 할 수는 있겠지요. 손자병법의 많은 문구와 말들, 한문으로 된 여러 문헌에 그런 부분이 많이 있습니다. 그래서 처음에 말씀드렸듯이, 어떤 문구를 해석하기 위해 너무 깊게 고민하는 것보다 큰 흐름을 파악하며 읽어가는 것이 좋다고 생각합니다.

無	邀	正	正	之	旗
없을	맞을	바를	바를	조사	기
무	요	정	정	지	기

└말라 └공격하지 └바르게 서있는 └깃발

勿	擊	堂	堂	之	陣
말	칠	집	집	조사	늘어설
물	격	당	당	지	진

└말라 └치지 └당당한 └진지

此	治	變	者	也
이	다스릴	변할	사람	조사
차	치	변	자	야

└이것은 └다스림 └변화를 └것이다

故	用	兵	之	法
옛	쓸	군사	조사	법
고	용	병	지	법

└그래서 └군사운용의 └법은

高	陵	勿	向
높을	언덕	말	향할
고	릉	물	향

└높은 언덕을 └마라 └향하지

背	丘	勿	逆
등	언덕	말	거스를
배	구	물	역

└등지고 └언덕을 └거스르지 마라

佯
거짓
양

└거짓으로

北	勿	從
달아날	말	좇을
배	물	종

└달아나는 └마라 └좇지

銳	卒	勿	攻
날카로울	군사	말	칠
예	졸	물	공

└예리한 군사 └마라 └공격하지

餌	兵
먹이	군사
이	병

└미끼는

勿	食
말	먹을
물	식

└마라 └먹지

歸	師	勿	遏
돌아갈	군사	말	막을
귀	사	물	알

└돌아가는 군사 └마라 └막지

圍	師	必	闕
둘레	군사	반드시	빌
위	사	필	궐

└포위하되 └군사를 └반드시 비워라

窮	寇	勿	迫
다할	도둑	말	다그칠
궁	구	물	박

└궁지에 처한 도둑 └마라 └다그치지

此	用	兵	之	法	也
이	쓸	군사	조사	법	조사
차	용	병	지	법	야

└이것이 └운용하는 └군사를 └법이다

정정하게 서 있는 깃발을 공격하지 말고, 당당하게 진치고 있는 부대를 치지 마라. 이것이 변화를 다스리는 것이다. 그래서 군사 운용의 법은 높은 언덕을 향하지 말고, 언덕을 등지고 거스르지 말며, 거짓으로 달아나는 것을 좇지 말고, 예리한 군사는 공격하지 않는다. 미끼로 주는 먹이는 먹지 말고, 돌아가는 군사는 막지 말며 포위하더라도 빈 곳을 반드시 남겨라. 궁지에 처한 적은 다 그치지 마라. 이것이 용병의 법이다.

한번 더 생각해보기

군쟁을 적용하면, 전장에서 너무 극단적으로 몰아가는 것은 좋지 않다고 이야기합니다. 치변(治變)의 입장이지요. 변(變)은 변화를 의미하는데, 마지막을 치변으로 마무리하는 것은 다음에 나오는 여덟 번째, 구변(九變)과도 연결된다고 볼 수 있습니다.
맨 뒤에 나오는 말에 눈길이 좀 가는데요, '궁지에 빠진 쥐가 고양이를 문다'라는 속담이 있지요. 사지에 빠진 적은 죽기를 각오하고 어떤 행동을 감행할 수 있습니다. 그래서 너무 극단적으로 몰아가지 않는 것이 좋다고 손자는 이야기하고 있네요.

孫子兵法 軍爭篇 第七 挑戰!

孫子曰 凡用兵之法 將受命於君 合軍聚衆 交和而舍
莫難於軍爭 軍爭之難者 以迂爲直 以患爲利 故迂其途
而誘之以利 後人發 先人至 此知迂直之計者也
故軍爭爲利 軍爭爲危 擧軍而爭利則不及 委軍而爭利
則輜重捐 是故捲甲而趨 日夜不處 倍道兼行
百里而爭利 則擒三將軍 勁者先 疲者後 其法十一而至
五十里而爭利 則蹶上將軍 其法半至 三十里而爭利
則三分之二至 是故軍無輜重則亡 無糧食則亡 無委積則亡
故不知諸侯之謀者 不能豫交 不知山林險阻沮澤之形者
不能行軍 不用鄉導者 不能得地利 故兵以詐立 以利動
以分合 爲變者也 故其疾如風 其徐如林 侵掠如火
不動如山 難知如陰 動如雷震 掠鄉分衆 廓地分利
懸權而動 先知迂直之計者勝 此軍爭之法也
軍政曰 言不相聞 故爲金鼓 視不相見 故爲旌旗
夫金鼓旌旗者 所以一人之耳目也 人旣專一
則勇者不得獨進 怯者不得獨退 此用衆之法也
故夜戰多火鼓 晝戰多旌旗 所以變人之耳目也
故三軍可奪氣 將軍可奪心 是故朝氣銳 晝氣惰 暮氣歸
故善用兵者 避其銳氣 擊其惰歸 此治氣者也 以治待亂
以靜待譁 此治心者也 以近待遠 以佚待勞 以飽待飢
此治力者也 無邀正正之旗 勿擊堂堂之陣 此治變者也
故用兵之法 高陵勿向 背丘勿逆 佯北勿從 銳卒勿攻
餌兵勿食 歸師勿遏 圍師必闕 窮寇勿迫 此用兵之法也

구변편九變篇 소개

구변편은 여러 가지 상황변화에 대해 이야기 합니다. 구(九)는 숫자 아홉을 의미하기도 하지만, '여러가지,' '많은 종류'라는 의미로 통상 해석합니다.

도유소불유(途有所不由), 군유소불격(軍有所不擊), 성유소불공(城有所不攻), 지유소부쟁(地有所不爭), 군명유소불수(君命有所不受)는 구변편의 하이라이트라고 저는 생각합니다. 해석을 잘해야 하는 부분이고요,

그리고 마지막에 나오는 장유오위(將有五危)도 구변의 지혜를 바탕으로 하지 않으면 이해하기 어렵지요. 군쟁과 구변편을 잘 깨우치면 기(奇)와 정(正)의 운용에 대해 한층 더 힘을 가질 수 있고, 손자병법 해석과 활용 또한 훨씬 다채롭게 할 수 있습니다.

08

구변

九變

孫	子	曰
자손	아들	말할
손	자	왈

ㄴ손자가 말하기를

凡	用	兵	之	法
무릇	쓸	군사	조사	법
범	용	병	지	법

ㄴ무릇 ㄴ쓰는 ㄴ군사를 ㄴ법은

將	受	命	於	君
장수	받을	명령	조사	임금
장	수	명	어	군

ㄴ장수가 ㄴ받아 ㄴ명을 ㄴ에게 ㄴ임금

合	軍	聚	衆
합할	군사	모일	무리
합	군	취	중

ㄴ군사를 합하여 ㄴ무리를 모아서

圮	地	無	舍
무너질	땅	없을	집
비	지	무	사

ㄴ무너지는 땅은 ㄴ숙영하지 말고

衢	地	合	交
네거리	땅	합할	사귈
구	지	합	교

ㄴ네거리 지역은 ㄴ합하여 사귀고

絶	地
끊을	땅
절	지

ㄴ끊어지는 땅은

無	留
없을	머무를
무	류

ㄴ머무르지 말고

圍	地	則	謀
둘레	땅	곧	꾀
위	지	즉	모

ㄴ둘러싸이는 땅은 ㄴ꾀를 내야 하고

死	地	則	戰
죽을	땅	곧	싸울
사	지	즉	전

ㄴ출구가 없는 땅은 ㄴ싸우고

途	有	所	不	由
길	있을	바	아닐	말미암을
도	유	소	불	유

ㄴ길이 있어도 ㄴ~바가 있다 ㄴ말미암지 않을

軍	有	所	不	擊
군사	있을	바	아닐	칠
군	유	소	불	격

ㄴ군이 있어도 ㄴ~바가 있다 ㄴ치지 않을

城	有	所	不	攻
성	있을	바	아닐	칠
성	유	소	불	공

ㄴ성이 있어도 ㄴ~바가 있다 ㄴ공격하지 않을

地	有	所	不	爭
땅	있을	바	아닐	다툴
지	유	소	부	쟁

ㄴ땅이 있어도 ㄴ~바가 있다 ㄴ다투지 않을

君	命	有	所	不	受
군사	목숨	있을	바	아닐	받을
군	명	유	소	불	수

ㄴ임금의 명도 ㄴ~바가 있다 ㄴ받지 않을

해석

　손자가 말하기를, 무릇 용병을 함에 있어, 장수가 임금으로부터 명을 받아 군사와 무리를 모으는데, 비지(圮地)에서는 숙영하지 말고, 구지(衢地)는 외교를 잘하고, 절지(絶地)에서는 머무르지 마라. 위지(圍地)에서는 꾀를 내고 사지(死地)에서는 싸워야 한다. 길이 있어도 가지 않을 길이 있고, 부대가 있어도 치지 않을 부대가 있고, 성이 있어도 공격하지 않을 성이 있으며, 땅이 있어도 다투지 말아야 할 땅이 있다. 임금의 명도 받들지 않을 것이 있다.

한번 더 생각해보기

여러 가지 지형 종류는 너무 신경 안 써도 됩니다. 오히려 그 밑에 말이 더 의미심장합니다. 우리가 통상 알고 있던 일상적인 것들이 항상 옳지는 않다는 것을 이야기합니다. 그래서 길이 있다고 아무 생각 없이 그냥 가는 것은 아니라는 것이죠. 길이 있는데, 매복하는 적이 있다면 그대로 가야겠느냐는 말입니다. 구변은 '여러 가지 변화'를 이야기하는데, 상황 변화에 따라 우리가 알고 있는 일반적인 사실들은 얼마든지 달라질 수 있다고 합니다.

심지어 맨 마지막에 나오는 말은 군인으로서, '명을 거역해도 된다는 말인가?'라는 의구심을 가지게 합니다. 초급 리더들에게는 참 설명하기 어렵습니다. 손자병법 전 편을 찬찬히 읽으시라는 말씀밖에 드릴 수가 없네요. '윗사람의 명을 거역해도 된다.' 하는 것이 아니고요, 그렇다고 '예스맨' 역할만 하라는 이야기도 아닙니다. 여기서는 이 정도만 언급하지요.

故 將 通 於 九 變 之 利 者 │ 知 用
옛 장수 통할 조사 아홉 변할 조사 이로울 사람 │ 알 쓸
고 장 통 어 구 변 지 리 자 │ 지 용
└예로부터 └장수가 능통하면 └여러 변화의 └이로움에 └아는 것이다

兵 矣 │ 將 不 通 於 九 變 之 利 者
군사 조사 │ 장수 아닐 통할 조사 아홉 변할 조사 이로울 사람
병 의 │ 장 불 통 어 구 변 지 리 자
└군사 운용을 └장수가 └모르면 └여러 변화의 └이로움을

雖 知 地 形 │ 不 能 得 地 之 利 矣
비록 알 땅 모양 │ 아닐 능할 얻을 땅 조사 이로울 조사
수 지 지 형 │ 불 능 득 지 지 리 의
└비록 └알더라도 └땅의 모양을 └얻을 수 없다 └땅의 이로움을

治 兵 │ 不 知 九 變 之 術 雖 知
다스릴 군사 │ 아닐 알 아홉 변할 조사 꾀 비록 알
치 병 │ 부 지 구 변 지 술 수 지
└군사를 다스리면서 └모르면 └여러 변화의 └기술을 └비록 └알아도

五 利 │ 不 能 得 人 之 用 矣
다섯 이로울 │ 아닐 능할 얻을 사람 조사 쓸 조사
오 리 │ 불 능 득 인 지 용 의
└다섯 가지 이로움 └얻을 수 없다 └사람을 쓰는 것을

예로부터 장수가 여러 변화의 이로움에 능통하면, 그 사람은 군사 운용을 아는 자이다. 장수가 여러 변화의 이로움을 모르면, 비록 지형을 알더라도, 그 지형을 활용해서 얻는 이로움은 얻을 수 없다. 군사를 다스림에 있어 여러 변화의 기술을 모르면, 몇 가지 이로운 점은 얻을지언정, 진정으로 사람을 잘 쓸 수는 없다.

한번 더 생각해보기

흔히 '변화에 민감하라'하고 말합니다. 상황이 변화했는데 기존 습관대로 무감각하게 대응하다가는 실패할 가능성이 높습니다. 현대의 조직과 부대는 그러한 시스템이 다 갖춰져 있고, 변화를 탐지할 수 있는 능력이 매우 발달했습니다. 그럼에도 불구하고 변화에 적응하지 못해 도태되는 기업이나 조직을 우리는 많이 봅니다. 그렇게 상황이 끊임없이 변화하기 때문에 항상 '혁신(革新)'을 외치게 되는 일상이 되었지요. '국방'도 변화에 살아남기 위해 변화합니다.

반면에 의미 없는 변화를 하는 것은 노력을 낭비하는 것입니다. 변화는 상황 변화에 대응하기 위해 하는 것입니다. 상황 변화와 무관한 변화를 추구하면, 정작 대응해야 할 부분에 대응하지 못합니다. 그리고 계획을 변경하면 혼란이 수반되지요.

변화에 대응하는 것이 꼭 필요하다면 그 혼란을 감수하면서도 계획을 바꿔야 하고, 그것이 꼭 필요하지 않다면 계획을 바꾸지 말아야 합니다. 리더의 혜안과 직관이 필요한 부분입니다.

是 故 智 者 之 慮 | 必 雜 於 利 害

옳을 옛 지혜 사람 조사 생각할 | 반드시 섞일 조사 이로울 해로울
시 고 지 자 지 려 | 필 잡 어 리 해

ㄴ예로부터 ㄴ지혜로운 자의 ㄴ생각에는 | ㄴ반드시 섞여있다 ㄴ이익과 해로움이

雜 於 利 而 務 可 信 也 | 雜 於 害

섞일 조사 이로울 접속사 힘쓸 옳을 믿을 조사 | 섞일 조사 해로울
잡 어 리 이 무 가 신 야 | 잡 어 해

ㄴ이로움이 섞여있는 것은 ㄴ힘써서 믿음직하게 하는 것이고 | ㄴ해로움이 섞인 것은

而 患 可 解 也 | 是 故 屈 諸 侯 者

접속사 근심 옳을 풀 조사 | 옳을 옛 굽을 모두 임금 사람
이 환 가 해 야 | 시 고 굴 제 후 자

ㄴ근심을 ㄴ해결하기 위한 것이다. | ㄴ그래서 ㄴ굴복시키는 ㄴ제후들을 ㄴ것을

以 害 | 役 諸 侯 者 以 業 | 趨 諸

써 해로울 | 부릴 모두 임금 사람 써 일 | 좇을 모두
이 해 | 역 제 후 자 이 업 | 추 제

ㄴ해로움으로써 하고 | ㄴ제후들을 부리는 것 | ㄴ일로써 하고 | ㄴ제후들이

侯 者 以 利 | 故 用 兵 之 法 | 無

임금 사람 써 이로울 | 옛 쓸 군사 조사 법 | 없을
후 자 이 리 | 고 용 병 지 법 | 무

ㄴ좋게 하는 것은 ㄴ이로움으로써 한다 | ㄴ그래서 군사 운용을 잘 하는 법은 | ㄴ마라

恃 其 不 來 | 恃 吾 有 以 待 也

믿을 그 아닐 올 | 믿을 나 있을 써 기다릴 조사
시 기 불 래 | 시 오 유 이 대 야

ㄴ믿지 ㄴ그것이 ㄴ오지않을 것을 | ㄴ믿어라 ㄴ내가 ㄴ있음을 ㄴ기다릴 수

無 恃 其 不 攻 | 恃 吾 有 所

없을 믿을 그 아닐 칠 | 믿을 나 있을 바
무 시 기 불 공 | 시 오 유 소

ㄴ믿지 마라 ㄴ그것이 ㄴ공격하지 않을 것을 | ㄴ믿어라 ㄴ내가 ㄴ있는 바를

不 可 攻 也

아닐 옳을 칠 조사
불 가 공 야

ㄴ공격하지 못하게

예로부터 지혜로운 자의 생각에는 이해(利害)가 섞여 있다. 이로움을 생각하는 것은 그것을 더욱 확고하게 하는 것이고, 해로움을 생각하는 것은 근심을 해결하려 하는 것이다.

그래서 제후를 굴복시키는 것은 해로움으로 하고, 제후를 부리는 것은 일을 주어서 하며, 제후를 좋게 하는 것은 이로움으로 한다. 군사 운용의 법은 (적이) 오지 않을 것을 믿지 말고 내가 기다릴 수 있음을 믿어야 한다. 적이 공격하지 않을 것을 바라지 말고, 내가 (태세를 갖춰서) 적이 공격하지 못하게 할 것을 믿어야 한다.

한번 더 생각해보기

어떤 일을 생각하고 고민하는데, 항상 이로움과 해로움을 같이 생각할 수 있어야 합니다. '일장일단(一長一短)'이라는 말처럼 좋은 것이 있으면 나쁜 것도 있지요. 좋은 것만을 생각하고 일을 추진하다가는 생각하지 않은 부작용에 당황스러울 수 있습니다.

뒤에 나오는 말이 또 의미가 큽니다. 어떤 좋지 않은 일이 발생할 수 있지요. 그 일이 발생할까 걱정스럽습니다. 그런 일이 발생하지 않도록 마음으로 기도하지요. 다들 비슷할 겁니다. 그러나 여기에서는 이렇게 이야기하네요. 내가 준비를 해서 기다릴 태세가 되었음을 믿으라고요. 그리고 내 준비가 충분히 되어서 적이 공격하지 못하게 될 것을 믿으라고 합니다. 내가 강하면 적이 공격하지 못하는 거지요. 쉽지 않은 이야기인데, 그래도 걱정만 하는 것보다 실제 대비를 위한 어떤 행동을 하는 것이 더 필요한 것 같네요.

故 將 有 五 危

옛	장수	있을	다섯	위태로울
고	장	유	오	위

└예로부터 장수가 └있다 └다섯가지 위태로움

必 死 可 殺

반드시	죽을	옳을	죽일
필	사	가	살

└반드시 └죽으려하면 └가히 죽임을 당하고

必 生 可 虜

반드시	살	옳을	사로잡을
필	생	가	로

└반드시 살려하면 └가히 사로잡히며

忿 速 可 侮

성낼	빠를	옳을	업신여길
분	속	가	모

└성내는 것이 빠르면 └업신여김을 당하고

廉 潔 可 辱

청렴할	깨끗할	옳을	욕되게할
염	결	가	욕

└청렴하고 깨끗하면 └욕되게 되고

愛 民 可 煩

사랑	백성	옳을	괴로워할
애	민	가	번

└백성을 사랑하면 └번뇌에 빠지게 되고

凡 此 五 者

무릇	이	다섯	사람
범	차	오	자

└무릇 └이 다섯 가지가

將 之 過 也

장수	조사	허물	조사
장	지	과	야

└장수의 └허물이다

用 兵 之 災 也

쓸	군사	조사	재앙	조사
용	병	지	재	야

└군사 운용의 └재앙이다

覆 軍 殺 將

뒤집힐	군사	죽일	장수
복	군	살	장

└군사를 뒤집고 └장수를 죽이니

必 以 五 危 不 可 不 察 也

반드시	써	다섯	위태할	아닐	옳을	아닐	살필	조사
필	이	오	위	불	가	불	찰	야

└반드시 └다섯 가지 위태로움은 └안 된다 └살피지 않으면

예로부터 장수는 다섯 가지 위태로움이 있다. 반드시 죽고자 하면 죽임을 당하고, 반드시 살고자 하면 사로잡히고, 빈번히 성을 내면 업신여김을 당하며, 청렴하고 깨끗하면 욕을 먹고, 부하들을 사랑하면 번뇌에 빠진다. 이 다섯 가지는 장수의 허물이요, 군사 운용의 재앙이다. 군사를 뒤집고 장수를 죽이는 것이니 이것을 살피지 않을 수 없다.

한번 더 생각해보기

죽고자 싸우는 것은 상황에 따라서는 반드시 필요하지만, 공감대를 형성하지 못한 상황에서 무모하게 죽기를 각오하고 싸우려면, 부하들에 의해 리더가 먼저 죽습니다. 화를 내는 것은 조직이 잘 운영되도록 하려는 마음이지만, 너무 자주 화를 내면 나중에는 효과가 반감되고 거들떠보지 않지요. 너무 깨끗하게 굴면 모함을 받아 욕을 먹고, 부하를 지나치게 아껴 전투 임무를 수행하지 못하는 것은 리더의 자질을 못 갖춘 것입니다. 어떻게 보면 너무나도 우리가 상식적으로 당연하게 여겼던 것입니다. 그런데 그것을 이렇게 반대로 이야기하는군요. 그것을 잘못하면 군사의 기강이 무너지고 장수가 죽임을 당하는 바에까지 이른다는 것입니다. 엄청난 경고이지요.
부하들과 공감대를 형성하지 못하고 자기 자신의 이익을 위해 지휘를 하는 리더가 월남전에서 어떻게 되었는지 생각해보아야 합니다. 어떤 리더가 절체절명의 위기에서 전투원들의 의기를 투합해 극복할 수 있을지 많은 고민이 필요합니다.

孫子兵法 九變篇 第八 挑戰!

孫子曰 凡用兵之法 將受命於君 合軍聚眾 圮地無舍

衢地合交 絕地無留 圍地則謀 死地則戰 途有所不由

軍有所不擊 城有所不攻 地有所不爭 君命有所不受

故將通於九變之利者 知用兵矣 將不通於九變之利者

雖知地形 不能得地之利矣 治兵 不知九變之術

雖知五利 不能得人之用矣 是故智者之慮 必雜於利害

雜於利而務可信也 雜於害而患可解也 是故屈諸侯者以害

役諸侯者以業 趨諸侯者以利 故用兵之法 無恃其不來

恃吾有以待也 無恃其不攻 恃吾有所不可攻也 故將有五危

必死可殺 必生可虜 忿速可侮 廉潔可辱 愛民可煩

凡此五者 將之過也 用兵之災也 覆軍殺將 必以五危

不可不察也

筆　記

행군편行軍篇 소개

행군편에서는 군사를 이동하면서 직면하는 여러 가지 상황을 지형과 연관해서 언급합니다. 그리고 먼 곳에서 적에 대해 여러 징후를 판단하는 전투기술을 언급하지요.

우리는 손자병법을 공부하면서 여덟 번째 구변편까지 전리(戰理, 전쟁의 마땅한 원리나 이치) 수준의 많은 영감을 받았습니다. 그러나 아홉 번째 행군편에서는 그런 부분은 상대적으로 적고, 전투기술 수준의 언급이 많습니다.

그렇지만 장수가 무게감이 없어 군이 동요하거나, 상벌을 남발하면서도 장수가 신망을 받지 못하는 모습은 우리에게 반면교사(反面敎師)의 교훈을 줍니다. 아무래도 행군은 어렵고, 어려운 상황에서 근본 없는 리더십은 그 한계를 나타내기 마련이거든요.

09

행군

行軍

孫 子 曰 | 凡 處 軍 相 敵 | 絶 山

자손 아들 말할 | 무릇 살 군사 서로 원수 | 끊을 뫼
손 자 왈 | 범 처 군 상 적 | 절 산
└손자가 말하기를 | └무릇 └군사를 숙영하며 └적과 대치하여 | └산을 지나갈때

依 谷 | 視 生 處 高 | 戰 隆 無 登

의지할 골짜기 | 볼 살 살 높을 | 싸울 높을 없을 오를
의 곡 | 시 생 처 고 | 전 륭 무 등
└골짜기를 의존한다. | └시야가 트이고 └높은 곳에 처하며 | └언덕에서 싸울 때 └오르지 말고

此 處 山 之 軍 也 | 絶 水 必 遠 水

이 살 뫼 조사 군사 조사 | 끊을 물 반드시 멀 물
차 처 산 지 군 야 | 절 수 필 원 수
└이것이 └산에 처한 └군사 운용이다 | └물을 지나면 └반드시 └물에서 멀어지고

客 絶 水 而 來 | 勿 迎 之 於 水 内

손님 끊을 물 접속사 올 | 말 맞이할 조사 조사 물 안
객 절 수 이 래 | 물 영 지 어 수 내
└적이 └물을 지나 └올 때 | └맞이하지 마라 └그것을 └물 안에서

令 半 濟 而 擊 之 利 | 欲 戰 者

명령 반 건널 접속사 칠 조사 이로울 | 하고자할 싸울 사람
영 반 제 이 격 지 리 | 욕 전 자
└명령하여 └반쯤 건넜을 때 └치면 └이롭다 | └싸우려는 사람은

無 附 於 水 而 迎 客 | 視 生 處 高

없을 붙을 조사 물 접속사 맞이할 손님 | 볼 살 살 높을
무 부 어 수 이 영 객 | 시 생 처 고
└붙어서 하지 마라 └물에 └손님을 맞이하지 | └시야가 트이고 └높은 곳에

無 迎 水 流 | 此 處 水 上 之 軍 也

없을 맞이할 물 흐를 | 이 살 물 윗 조사 군사 조사
무 영 수 류 | 차 처 수 상 지 군 야
└맞이하지 마라 └물의 흐름을 | └이것이 └물 위에 처한 └군사 운용이다

　손자가 말하기를 무릇 군사를 숙영하여 적과 대치할 때, 산을 질러가려면 계곡으로 간다. 시계(視界)가 좋고 높은 곳에 처하며, 언덕에서 싸울 때는 올라가며 싸우지 마라. 이것이 산에서의 군사 운용이다. 물을 질러 건널 때에는 건넌 후 바로 물과 멀리 떨어져라. 적이 물을 건너올 때는 물 안에서 적을 맞아 싸우지 말고, 반쯤 건너왔을 때 공격하면 이롭다. 싸우고자 하는 사람은 물에 붙지 말고 적을 마주해야 한다. 시야가 트이고 높은 곳에 거하며, 물의 흐름을 안고 싸우지 않으니, 이것이 물에서의 군사 운용이다.

한번 더 생각해보기

행군편은 군사가 이동하면서 처하는 여러 가지 상황에 대한 대처법이 소개됩니다. 여덟 번째 편까지는 전리(戰理, 전장의 마땅한 이치)에 해당하는 내용을 소개해드렸는데요, 지금부터는 실제 전투기술에 해당하는 부분도 많이 나옵니다. 안타까운 점은 시대의 변화에 따라서 이런 전투기술을 현대에 적용하는 것은 무리가 있다는 점입니다. 그러나 때에 따라서는 적용 가능성도 있고, 여러 가지 마음에 와닿는 말도 있으니, 잘 읽어보기를 권합니다.

통상 손자병법을 읽는 사람은 여섯 번째 편, 허실이나 일곱 번째 편, 군쟁, 여덟 번째 구변 편까지 읽는 사람이 대부분입니다. 행군, 지형, 구지, 세 편이 양도 많고 어려워서 쉽게 통독하지 못하는 부분인데, 많은 보물이 있으니, 잘 찾아보기 바랍니다.

絶 斥 澤
끊을 늪 못
절 척 택
ㄴ늪과 연못을 지날 때

唯 亟 去 無 留
오직 빠를 갈 없을 머물
유 극 거 무 류
ㄴ오직 ㄴ빨리 가고 ㄴ머무르지 마라

若 交
같을 사귈
약 교
ㄴ만약 교전하면

軍 於 斥 澤 之 中
군사 조사 늪 못 조사 가운데
군 어 척 택 지 중
ㄴ적과 ㄴ에서 ㄴ늪과 연못 ㄴ가운데

必 依 水 草 而
반드시 의지할 물 풀 접속사
필 의 수 초 이
ㄴ반드시 ㄴ의지해라 ㄴ수초에 ㄴ그리고

背 眾 樹
등 무리 나무
배 중 수
ㄴ등져라 ㄴ많은 나무를

此 處 斥 澤 之 軍 也
이 살 늪 못 조사 군사 조사
차 처 척 택 지 군 야
ㄴ이것이 ㄴ늪과 연못에 처한 ㄴ군사 운용이다

平 陸 處 易
평평할 뭍 살 쉬울
평 륙 처 이
ㄴ평평한 땅에 처할 때 ㄴ쉬운 곳에 처하고

而 右 背 高
접속사 오른쪽 등 높을
이 우 배 고
ㄴ오른쪽 뒤에 ㄴ높은 곳을 두고

前 死
앞 죽을
전 사
ㄴ앞에 막히고

後 生
뒤 살
후 생
ㄴ뒤가 트이도록 하라

此 處 平 陸 之 軍 也
이 살 평평할 뭍 조사 군사 조사
차 처 평 륙 지 군 야
ㄴ이것이 ㄴ처한 ㄴ평평한 땅에 ㄴ군사운용이다

凡 此 四 軍 之 利
무릇 이 넷 군사 조사 이로울
범 차 사 군 지 리
ㄴ무릇 ㄴ이 네가지는 ㄴ군사운용의 ㄴ이로움이다

黃 帝 之 所 以
누를 임금 조사 바 써
황 제 지 소 이
ㄴ황제가 ㄴ~한 바이다

勝 四 帝 也
이길 넷 임금 조사
승 사 제 야
ㄴ이긴 ㄴ네 임금을

　늪과 연못을 지날 때는 오직 빨리 가고 머무르지 마라. 만약 늪과
연못에서 적과 교전하려면 수초에 의지하고 많은 나무를 등져라.
이것이 늪과 연못에 처한 군사 운용이다. 평평한 땅에 처할 때는
쉬운 곳에 처하고, 오른쪽 뒤에 높은 곳을 둔다. 앞이 막히고 뒤가
트이도록 하니, 이것이 평평한 땅에 처한 군사 운용이다. 무릇 이
네 가지 군사 운용의 이로움이 황제가 네 임금을 이긴 비결이다.

한번 더 생각해보기

이 네 가지 비결이 황제가 네 임금을 이겼던 비결이라 하니, 지금의
군사학도들과 군인들은 훨씬 더 고도의 군사기술을 가지고 있다고 생각할
수 있습니다. 물론 그렇긴 하지요. 그러나 그 당시에도 수많은 전투 경험을
바탕으로 도출해낸 전투기술이라는 측면을 보면, 그렇게 가볍게 생각할
것은 아닌 것 같네요.
우리는 전장에서 나타나는 여러 가지 현상과 현장에서 싸워 이길 수 있는
전투기술을 끊임없이 고민하고 개발해야 합니다. 그것을 직업으로 하는
사람들이니까요. 싸워 이기는 기술에 대해서는 누구보다도 전문가가 되어야
합니다.
그런 노력이 없이, 손자가 제시한 네 가지 군사 운용의 비결을 가볍게
생각한다면 스스로 부끄러워할 일이군요. 지금의 우리는 현대 상황에 맞춰
싸워 이기는 방법을 열과 성을 다해 연구해야겠습니다.

凡 軍 好 高 而 惡 下 | 貴 陽 而 賤

무릇 군사 좋을 높을 접속사 미워할 아래 | 귀할 볕 접속사 천할

범 군 호 고 이 오 하 | 귀 양 이 천

└무릇 군사는 └좋아한다 └높은 곳을 └싫어한다└낮은 곳을 | └볕을 귀히 여기고 └천하게

陰 | 養 生 而 處 實 | 軍 無 百 疾

응달 | 기를 살 접속사 살 열매 | 군사 없을 일백 병

음 | 양 생 이 처 실 | 군 무 백 질

└응달을 | └생기를 기르고 └실한 곳에 처하며 | └군사가 └없다 └모든 질병이

是 謂 必 勝 | 丘 陵 堤 防 | 必 處

옳을 이를 반드시 이길 | 언덕 언덕 둑 둑 | 반드시 살

시 위 필 승 | 구 릉 제 방 | 필 처

└이것을 이르러 └반드시 이긴다 | └언덕과 └제방 | └반드시 └처한다

其 陽 | 而 右 背 之 | 此 兵 之 利

그 볕 | 접속사 오른쪽 등 조사 | 이 군사 조사 이로울

기 양 | 이 우 배 지 | 차 병 지 리

└그 볕에 | └그리고 오른쪽 뒤에 둔다 | └이것이 └군사 운용의 이로움

地 之 助 也 | 上 雨 水 沫 至

땅 조사 도울 조사 | 윗 비 물 거품 이를

지 지 조 야 | 상 우 수 말 지

└땅이 └돕는 것이다 | └상류에 비가 내려 └물거품이 이르면

欲 涉 者 | 待 其 定 也

하고자할 건널 사람 | 기다릴 그 정할 조사

욕 섭 자 | 대 기 정 야

└건너려는 사람은 | └기다린다 └잠잠해지기를

무릇 군사는 높은 곳을 좋아하며 낮은 곳을 피한다. 양지바른 곳을 좋아하고 응달을 피한다. 생기를 기르고 실한 곳에 처하면 군사는 질병이 없으니 이를 이르러 반드시 이긴다고 한다. 구릉과 제방은 반드시 그 양지바른 곳에 처하고, 그것을 오른쪽 뒤에 두니 이것이 군사 운용의 이로움이며 땅의 도움이다. 상류에 비가 내려 물거품이 이르면 건너고자 하는 사람은 잠잠해지기를 기다린다.

한번 더 생각해보기

행군하면서 마주하게 되는 상황은 참으로 다양합니다. 마치 삶에서 직면하는 상황이 다양한 것과 같지요. 여러 가지 자연의 변화를 극복하는 과정은 자연을 거스르는 것이 아닙니다. 평안한 방법으로 순응해가는 과정이지요. 그러한 이야기들을 손자가 해주고 있습니다.
인생을 살면서 순응하지 않고 살아가는 것은 참 어려운 일입니다. 세상에 굴복하지 않고, 평범한 존재가 아니고 싶지만, 결국 어쩔 수 없이 평범한 존재로 살아가야 한다는 것을 깨달을 때가 있지요. 그리고 순응하며 살아가는 과정에서 진짜 인생의 맛을 깨닫고 노년에 행복하게 살아간다면, 그때서야 비로소 그 사람은 평범하지 않은 존재가 될 겁니다. 순응하며 살아간다는 것에 잠깐 다른 이야기를 해 봤습니다.

凡	地	有	絶	澗
무릇	땅	있을	끊을	계곡물
범	지	유	절	간

ㄴ무릇 ㄴ지형에는 있다 ㄴ끊어진 계곡

天	井
하늘	우물
천	정

ㄴ산 위의 우물

天	牢
하늘	우리
천	뢰

ㄴ산 위의 구덩이

天	羅
하늘	새그물
천	라

ㄴ산의 무성한 수풀

天	陷
하늘	빠질
천	함

ㄴ산의 함정

天	隙
하늘	틈
천	극

ㄴ산의 골짜기 틈

必	亟	去
반드시	빠를	갈
필	극	거

ㄴ반드시 ㄴ빨리 가라

之	勿	近	也
조사	말	가까울	조사
지	물	근	야

ㄴ그것을 ㄴ가까이 하지 마라

吾	遠	之
나	멀	조사
오	원	지

ㄴ나는 멀리하고

敵	近
원수	가까울
적	근

ㄴ적은 가까이

之
조사
지

ㄴ그것을

吾	迎	之
나	맞이할	조사
오	영	지

ㄴ나는 마주보고

敵	背	之
원수	등	조사
적	배	지

ㄴ적은 등지게 한다

軍	旁
군사	두루
군	방

ㄴ군사 주변에

有	險	阻
있을	험할	험할
유	험	조

ㄴ있으면 ㄴ험한 지형

潢	井
웅덩이	우물
황	정

ㄴ웅덩이

蒹	葭
갈대	갈대
겸	가

ㄴ갈대

林	木
수풀	나무
임	목

ㄴ산림과 나무

蘙	薈
무성할	무성할
예	회

ㄴ무성한 잡목

必	謹	覆	索	之
반드시	삼갈	다시	찾을	조사
필	근	복	색	지

ㄴ반드시 ㄴ신중하게 ㄴ수색해야 한다

此	伏	姦
이	숨을	간사할
차	복	간

ㄴ이것이 ㄴ복병이

之	所	也
조사	바	조사
지	소	야

ㄴ있는 곳이다.

　무릇, 지형에 절간, 천정, 천뢰, 천라, 천함, 천극이 있으면 반드시 빨리 지나가고 가까이 마라. 나는 그것을 멀리하고 적은 가까이한다. 나는 마주 보고 적은 등지게 해라. 군사 주변에 험한 지형, 웅덩이, 갈대, 수풀, 빽빽한 잡목 등이 있으면 신중하게 수색한다. 그러한 곳이 복병이 숨어있는 곳이기 때문이다.

한번 더 생각해보기

참 어려운 말이 많이 나오는 부분입니다. 한자도 어렵고 용어도 그렇지요. 열심히 공부해서 지금은 대략 알지만, 허탈함이 느껴지는 부분도 있습니다. 왜냐하면 이런 내용을 잘 안다고 현대 전술 응용이나 전투 현장에 사용할 수 있는 것은 아니기 때문입니다.

물론 복병이 있을 수 있고, 언급한 지형들은 복병을 배치하기 좋은 곳이지요. 그러나 이런 말을 공부하지 않았더라도, 현장의 전투감각을 잘 키운 사람이라면 어렵지 않게 그것을 식별할 수 있습니다.

처음에 나오는 여러 가지 지형 이름도 그렇습니다. 어떤 책에는 그 지형에 대한 예를 상세히 들었지만, 그 어려운 이름들을 몰라도, 현장에서 보면 엄청난 위협감을 느끼고, 가까이 가서는 안 된다는 것을 알 겁니다.

여러분은 손자병법을 읽는 것이 어떤 의미와 가치를 가지는 것인지, 잘 생각해서 읽어야겠습니다.

敵 近 而 靜 者
원수 가까울 접속사 고요할 사람
적 근 이 정 자
ㄴ적이 ㄴ가까이 가도 ㄴ고요한 것은

恃 其 險 也
믿을 그 험할 조사
시 기 험 야
ㄴ믿기 때문이다 ㄴ그 험한 것을

遠
멀
원
ㄴ멀리있어

而 挑 戰 者
접속사 휠 싸울 사람
이 도 전 자
ㄴ그러나 ㄴ도전하는 자는

欲 人 之 進 也
하고자할 사람 조사 나아갈 조사
욕 인 지 진 야
ㄴ하고 싶은 것 ㄴ적을 ㄴ나아오게

其
그
기

所 居 易 者
바 거할 쉬울 사람
소 거 이 자
ㄴ~하는 바 ㄴ평이한데 거하는 것

利 也
이로울 조사
리 야
ㄴ이로움 때문이다

衆 樹 動 者
무리 나무 움직일 사람
중 수 동 자
ㄴ많은 나무가 ㄴ움직이는 것은

來 也
올 조사
래 야
ㄴ오기 때문이다

衆 草 多 障 者
무리 풀 많을 막을 사람
중 초 다 장 자
ㄴ많은 풀이 ㄴ가로막고 있는 것은

疑 也
의심할 조사
의 야
ㄴ의심하기 때문이다

鳥 起 者
새 일어날 사람
조 기 자
ㄴ새가 일어나는 것은

伏 也
숨을 조사
복 야
ㄴ숨어있기 때문이다

獸 駭 者
짐승 놀랄 사람
수 해 자
ㄴ짐승이 놀라는 것은

覆
뒤집을
복
ㄴ뒤집기

也
조사
야
ㄴ때문이다

塵 高 而 銳 者
티끌 높을 접속사 날카로울 사람
진 고 이 예 자
ㄴ먼지가 ㄴ높고 ㄴ날카로운 것은

車 來 也
수레 올 조사
차 래 야
ㄴ수레가 오는 것이다

卑 而 廣 者
낮을 접속사 넓을 사람
비 이 광 자
ㄴ낮고 ㄴ넓은 것은

徒 來 也
무리 올 조사
도 래 야
ㄴ무리가 오는 것이다.

해석

적이 가까이 가도 고요한 것은 (지형의) 험한 것을 믿기 때문이다.
멀리 있으면서 도전하는 것은 적을 나아오도록 하고 싶기 때문이다.
평평한 곳에 거하는 것은 이로움 때문이다. 많은 나무가 움직이는
것은 적이 오기 때문이다. 풀이 많이 가로막고 있는 것은 의심하
게 하는 것이다. 새가 갑자기 날아오르는 것은 복병이 있기 때문
이다. 짐승이 놀라는 것은 수색을 하기 때문이다.

한번 더 생각해보기

전투를 준비하는 지휘관은 적장의 머릿속을 꿰뚫어 볼 수 있어야 합니다.
그래서 내가 어떤 행동을 취할 때, 적이 어떤 반응을 보일 것인지, 그것에
또 어떻게 대응할 것인지 몇 수 앞을 내다보고 있어야 하지요. 그러기
위해서는 적의 행동 양상을 잘 알아야 합니다. 그것은 곧 적의 교리를
공부하고, 과거의 행동 양상을 살피는 것입니다.
비슷한 맥락에서, 상황을 주도하기 위해서는 조금이라도 먼저 상황 변화를
내다보고 나의 태세를 빨리 갖추어야 합니다. 지금은 정보 자산이 많이
발달했지만, 옛날에는 그러지 않았겠지요. 그런 상황에서도 어떻게든
주변의 환경 변화를 빨리 알아채기 위해 노력했던 것 같네요.

散 而 條 達 者
흩어질 접속사 가지 다다를 사람
산　이　조　달　자
└ 흩어져서　└ 나뭇가지를 나르는 것은

樵 採 也
땔나무 캘 조사
초　채　야
└ 땔감을 모으는 것이다

少 而
적을 접속사
소　이
└ 소규모로

往 來 者
갈 올 사람
왕　래　자
└ 왔다갔다 하는 것은

營 軍 也
경영할 군사 조사
영　군　야
└ 숙영 준비를 하는 것이다

辭 卑 而 益
말씀 낮을 접속사 더할
사　비　이　익
└ 말은 낮게 하면서

備 者
갖출 사람
비　자
└ 준비를 더하는 것은

進 也
나아갈 조사
진　야
└ 나아오려는 것이고

辭 强 而 進 驅 者
말씀 강할 접속사 나아갈 몰 사람
사　강　이　진　구　자
└ 말을 강하게 하면서　└ 말을 앞으로 모는자는

退 也
물러날 조사
퇴　야
└ 물러나려는 것이다

輕 車 先 出 居 其 側 者
가벼울 수레 먼저 날 있을 그 곁 사람
경　거　선　출　거　기　측　자
└ 가벼운 수레를　└ 먼저 앞세워서 └ 배치하는 것 └ 그 옆에

陣 也
늘어설 조사
진　야
└ 진영을 갖추는 것

無 約 而 請 和 者
없을 묶을 접속사 청할 화할 사람
무　약　이　청　화　자
└ 약속도 없이　└ 화합하기를 청하는 것은

謀 也
꾀 접속사
모　야
└ 술수이다

奔 走 而 陳 兵 車 者
달릴 달릴 접속사 늘어설 군사 수레 사람
분　주　이　진　병　거　자
└ 분주하게 움직이며 └ 진영을 갖춤 └ 전차의

期 也
이 조사
사　야
└ 때가 된 것이다

半 進 半 退 者
반 나아갈 반 물러날 사람
반　진　반　퇴　자
└ 반은 나오고 └ 반은 물러나는 것

誘 也
꾈 조사
유　야
└ 유인하는 것이다

흩어져서 나뭇가지를 나르는 것은 땔감을 모으는 것이다. 소규모로 왔다 갔다 하는 것은 숙영을 준비하는 것이다. 말은 겸손하게 하면서 더 준비하는 것은 진격하려 하는 것이다. 말은 강하게 하면서 말을 모는 것은 물러나려는 것이다. 경거(輕車)를 먼저 그 측방에 놓는 것은 진영을 갖추는 것이다. 약속도 없이 와서 화합을 청하는 것은 꾀가 있는 것이다. 분주히 달리며 병거(兵車)를 배치하는 것은 때가 된 것이다. 나아오는 것과 물러나는 것을 섞어서 하는 것은 유인하는 것이다.

한번 더 생각해보기

우리는 말과 행동이 겉으로 드러나는 것을 그대로 믿지 않습니다. 가장 기본적인 자녀교육도 그렇습니다. 자녀들은 부모의 말만 듣고 자라는 것이 아니라, 행동과 그 성정을 배우며 자랍니다.

통상 말을 신중히 하고, 신념에 찬 말을 하는 사람들은 다른 사람도 다 그럴 것으로 생각합니다. 그리고 다른 사람의 말을 잘 믿지요. 자신의 모습이 그러하니 남도 그러할 것으로 생각하고 믿는 것입니다. 그러나 삶을 살아오면서 그렇지 않은 경우도 많이 겪습니다.

오히려 전장에서 겉으로 나타나는 적의 언행을 그대로 믿어서 낭패를 보는 사람은 훌륭한 리더가 아닙니다. 훌륭한 리더가 되기 위해서는 여러 가지 상황, 적장의 성향 등을 보고 진심을 꿰뚫어 보는 혜안이 필요하지요.

사람을 믿지 말라는 이야기는 아닙니다. 완전히 믿으라는 이야기도 아니지요. 어떻게 할지 난감하지만, 믿을 수 있는 것은 자신의 판단력밖에 없습니다. 그래서 공부를 많이 해서 통찰력을 기르고, 여러 상황 변화의 정보를 잘 살펴야 합니다.

仗而立者 | 飢也 | 汲而先飲

지팡이	접속사	설	사람	주릴	조사	길을	접속사	먼저	마실
장	이	립	자	기	야	급	이	선	음

ㄴ지팡이를 짚고 ㄴ서 있는 것은 ㄴ주렸기 때문이다 ㄴ물을 길어 ㄴ먼저 마시면

者 | 渴也 | 見利而不進者

사람	목마를	조사	볼	이로울	접속사	아닐	나아갈	사람
자	갈	야	견	리	이	부	진	자

ㄴ목마른 것이다 ㄴ이로움을 보고도 ㄴ나아오지 않는 것은

勞也 | 鳥集者 | 虛也

일할	조사	새	모일	사람	빌	조사
로	야	조	집	자	허	야

ㄴ피곤한 것이다 ㄴ새가 모이는 것은 ㄴ비어있는 것이다

夜呼者 | 恐也 | 軍擾者

밤	부를	사람	두려울	조사	군사	어지러울	사람
야	호	자	공	야	군	요	자

ㄴ밤에 ㄴ부르짖는 것은 ㄴ두려운 것이다 ㄴ군사가 어지러운 것은

將不重也 | 旌旗動者 | 亂也

장수	아닐	무거울	조사	기	기	움직일	사람	어지러울	조사
장	부	중	야	정	기	동	자	란	야

ㄴ장수가 ㄴ무게가 없기 때문이다 ㄴ깃발들이 움직이는 것은 ㄴ어지러운 것이다

吏怒者 | 倦也 | 殺馬肉食者

벼슬	성낼	사람	게으를	조사	죽일	말	고기	먹을	사람
리	노	자	권	야	살	마	육	식	자

ㄴ간부들에게 화를 내는 것은 ㄴ게을러졌기 때문이다 ㄴ말을 죽여 ㄴ고기를 먹는 것은

軍無糧也

군사	없을	양식	조사
군	무	양	야

ㄴ군사가 ㄴ양식이 없기 때문이다.

해석

지팡이를 짚고 서 있는 것은 굶주렸기 때문이다. 물을 길어 먼저 마시는 것은 목말랐기 때문이다. 이로움을 보고도 나아오지 않는 것은 지쳤기 때문이다. 새가 모이는 것은 비었기 때문이다. 밤에 부르짖는 것은 두려운 것이다. 군사가 어지러운 것은 장수가 이랬다저랬다 하기 때문이다. 정기(旌旗)가 흔들리는 것은 어지럽기 때문이다. 간부들에게 화를 내는 것은 게을러졌기 때문이다. 말을 죽여 고기를 먹는 것은 양식이 없기 때문이다.

한번 더 생각해보기

군사가 어지러운 것은 장수의 무게가 없기 때문이라는 말이 유독 눈에 들어옵니다. 리더는 변덕스러워서는 안 됩니다. 또한 리더는 그냥 생각나는 대로 말을 뱉으면 안 되지요. 생각을 많이 하고 깊게 하면서도 때를 놓치지 않게 적시적으로 필요한 말을 해야 합니다. 그 말이 얼마나 신뢰를 주느냐? 참 어려운 문제인데, 제가 전에 리더십 이야기에서 수기안인(修己安人)이라고 했잖아요? 그 능력을 길러서 조직을 평안하게 이끌 수 있는 노력을 스스로 해야 합니다.
수기안인(修己安人)하지 못해서 이때 이야기 다르고, 저때 이야기 다르고, 듣는 사람을 배려하지 않고, 공감이 없는 이야기 하고 그러면 조직이 어지러워지는 것이지요.
세심한 것에도 민감하게 반응할 때가 있습니다. 그러나 일희일비 하지 않고 눈 감고 귀 덮을 때도 있지요. 조직 운영의 모든 일은 그 리더의 판단에서 비롯되는 것이고 그 리더의 인품(人品)에서 비롯되는 것입니다. 많이 노력해야겠네요.

懸 瓿 不 返 其 舍 者 │ 窮 寇 也

매달 단지 아닐 돌아올 그 집 사람 │ 다할 도둑 조사
현 부 불 반 기 사 자 │ 궁 구 야
ㄴ솥을 걸어놓고 ㄴ돌아오지 않음 ㄴ그 집으로 ㄴ것은 │ ㄴ궁지에 몰린 도둑이다

諄 諄 翕 翕 │ 徐 與 人 言 者 │ 失

타이를 타이를 합할 합할 │ 천천할 더불 사람 말씀 사람 │ 잃을
순 순 흡 흡 │ 서 여 인 언 자 │ 실
ㄴ(무리를) 타이르며 │ ㄴ천천히 ㄴ사람들에게 ㄴ말하는 것은 │ ㄴ잃어서

衆 也 │ 數 賞 者 │ 窘 也 │ 數 罰 者

무리 조사 │ 자주 상줄 사람 │ 막힐 조사 │ 자주 죄 사람
중 야 │ 삭 상 자 │ 군 야 │ 삭 벌 자
ㄴ무리를 │ ㄴ자주 상을 주는 것은 │ ㄴ궁하기 때문이다 │ ㄴ자주 벌을 주는 것은

困 也 │ 先 暴 而 後 畏 其 衆 者

괴로울 조사 │ 먼저 사나울 접속사 뒤 두려울 그 무리 사람
곤 야 │ 선 폭 이 후 외 기 중 자
ㄴ괴롭기 때문이다 │ ㄴ먼저 사납게 굴고 ㄴ후에 두려워 ㄴ그 무리를 ㄴ하는 것은

不 精 之 至 也 │ 來 委 謝 者 │ 欲

아닐 정할 조사 이를 조사 │ 올 맡길 사례할 사람 │ 하고자할
부 정 지 지 야 │ 래 위 사 자 │ 욕
ㄴ못했다 ㄴ정성스러움이 ㄴ이르지 │ ㄴ와서 ㄴ사례를 하는 것은

休 息 也 │ 兵 怒 而 相 迎 │ 久 而

쉴 숨쉴 조사 │ 군사 성낼 접속사 서로 맞이할 │ 오랠 접속사
휴 식 야 │ 병 노 이 상 영 │ 구 이
ㄴ휴식을 하려는 것이다 │ ㄴ군사가 ㄴ분노하여 ㄴ서로 마주하는데 │ ㄴ오래도록

不 合 │ 又 不 相 去 │ 必 謹 察 之

아닐 합할 │ 또 아닐 서로 갈 │ 반드시 삼갈 살필 조사
불 합 │ 우 불 상 거 │ 필 근 찰 지
ㄴ합하지도 않고 │ ㄴ또한 ㄴ아니하면 ㄴ서로 가지 │ ㄴ반드시 ㄴ삼가 살펴야 한다

해석

솥을 걸어놓고 그 집으로 돌아오지 않는 것은 궁지에 몰려 필사적이기 때문이다. 무리를 타이르며 천천히 이야기하는 것은 부하를(부하들의 마음을) 잃었기 때문이다. 자주 상을 주는 것은 궁하기 때문이고, 자주 벌을 주는 것은 괴로워서 말을 잘 안 듣기 때문이다. 먼저 사납게 굴고 그것을 두려워하는 것은 장수가 정성스럽지 못한 것이다. 와서 사례를 하는 것은 쉬고자 하는 것이다. 군사가 분노로 서로 마주하였는데 오래도록 싸우지도 않고 또한 떠나지도 않으면 삼가 잘 살펴야 한다.

한번 더 생각해보기

행군할 때의 부대 관리는 평시 부대 관리보다 참으로 어렵습니다. 거기에서 나타나는 문제들을 잘 살펴 해결하지 않으면 리더는 팔로워의 마음을 얻기 어렵지요. 거기다 더해서 부하들에게 짜증을 내고, 엄포를 놓는다면 처음에야 먹히지만 조금 지나면 그렇지 않을겁니다. 결국 행군하면서 나타나는 자기 내부적인 문제 때문에 군사를 이동해서 싸울 수 없는 상태가 됩니다. 그래서 대치는 하고 있지만 싸우지도 못하고 가지도 못하지요. 임무가 다소 평이한 평시 상태보다 추가적인 임무를 받아서 피로감이 쌓일 때 이런 일이 나타납니다. 그것에 대비해서 리더는 평시부터 조직의 전투력을 잘 다져놓아야 합니다. 그리고 어려운 상황을 극복하는 방법을 부하들이 불편하지 않게 숙달시켜야 합니다.

兵 非 益 多 也 ｜ 惟 無 武 進 ｜ 足

군사 아닐 더할 많을 조사 ｜ 오직 없을 굳셀 나아갈 ｜ 충분할
병 비 익 다 야 ｜ 유 무 무 진 ｜ 족
└ 군사가 └ 이익이 아니다 └ 많은 것이 ｜ └ 오로지 └ 말고 └ 굳세게 나아가지 ｜ └ 충분하다

以 併 力 料 敵 ｜ 取 人 而 已 ｜ 夫

서 아우를 힘 헤아릴 원수 ｜ 취할 사람 접속사 이미 ｜ 무릇
이 병 력 료 적 ｜ 취 인 이 이 ｜ 부
└ 아우를 힘 └ 적을 헤아릴 수 있는 ｜ └ 적을 취하면 └ 그만이다 ｜ └ 무릇

惟 無 慮 而 易 敵 者 ｜ 必 擒 於 人

오직 없을 생각할 접속사 쉬울 원수 사람 ｜ 반드시 사로잡을 조사 사람
유 무 려 이 이 적 자 ｜ 필 금 어 인
└ 오직 └ 생각하지 않고 └ 쉽게 적을 대하면 ｜ └ 반드시 └ 사로잡힘 └ 타인에게

卒 未 親 附 而 罰 之 ｜ 則 不 服

군사 아닐 친할 붙을 접속사 죄 조사 ｜ 곧 아닐 복종할
졸 미 친 부 이 벌 지 ｜ 즉 불 복
└ 군사가 └ 아직 친하지 않은데 └ 벌을 주면 ｜ └ 곧 └ 복종하지 않는다

不 服 則 難 用 ｜ 卒 已 親 附 而 罰

아닐 복종할 곧 어려울 쓸 ｜ 군사 이미 친할 붙을 접속사 죄
불 복 즉 난 용 ｜ 졸 이 친 부 이 벌
└ 복종하지 않으면 └ 곧 └ 쓰기 어렵다 ｜ └ 군사가 └ 이미 └ 친한데 └ 벌을

不 行 則 不 可 用 也

아닐 다닐 곧 아닐 옳을 쓸 조사
불 행 즉 불 가 용 야
└ 행하지 않으면 └ 곧 └ 쓸 수 없다

군사가 많은 것이 이익은 아니다. 오직 굳세게 나아갈 것만이 아니다. 적과 아울러 싸울 수 있는 군사력이면 충분하다. 적을 취하면 그만인 것이다. 무릇 생각 없이 쉽게 적을 대하는 자는 적에게 사로잡히게 된다. 군사가 아직 친하지 않은데 벌을 주면 복종하지 않는다. 복종하지 않으면 쓰기 어렵다. 군사가 이미 친해졌는데 벌을 행하지 않으면 그 또한 쓸 수 없다.

한번 더 생각해보기

당시에는 병력이 너무 많으면 문제도 많다고 생각했나 봅니다. 행군하면서 생기는 여러 가지 문제를 보니 적과 싸워 이길 수 있는 적절한 병력만 있으면 된다고 합니다. 지금도 그렇기는 하지요. 어떤 작업을 할 때 병력만 많다고 모든 것을 해결할 수는 없습니다.

아무 생각 없이 적을 대하는 사람 이야기가 눈에 들어오는군요. 논어에서도 '포호빙하(暴虎馮河)'에 대해 나왔었지요. 호랑이를 맨손으로 잡고, 강을 그냥 말 타고 건너려 한다는 것입니다. 아무 준비도 없이 의지만으로 덤비는 사람을 말합니다.

리더는 아무 생각이 없어서는 안 됩니다. 평시에도 밑에 사람들에게 끼치는 리더의 영향이 너무나도 크고, 전시에는 더 말할 필요 없이 중요하니까요. 생각을 많이 해서 일을 잘 성사시키는 호모이성자 (好謀而成者)가 되어야겠습니다.

故 令 之 以 文
옛 영 조사 써 글월
고 영 지 이 문
ㄴ예로부터 ㄴ영을 내리고 ㄴ문서로써

齊 之 以 武
가지런할 조사 써 굳셀
제 지 이 무
ㄴ가지런하게 하고 ㄴ무력으로

是 謂 必 取
옳을 이를 반드시 취할
시 위 필 취
ㄴ이것을 이르러 ㄴ반드시 취하는 것이다

令 素 行 以 敎 其 民
영 바탕 행할 써 가르칠 그 백성
영 소 행 이 교 기 민
ㄴ명령하면 ㄴ행동을 바탕으로 ㄴ가르치고 ㄴ그 백성을

則 民 服
곧 백성 복종할
즉 민 복
ㄴ그러면 백성이 복종하고

令 不 素 行 以 敎 其 民
영 아닐 바탕 행할 써 가르칠 그 백성
영 불 소 행 이 교 기 민
ㄴ명령하면 ㄴ행하지 말 것을 ㄴ가르치면 ㄴ그 백성을

則 民 不 服
곧 백성 아닐 복종할
즉 민 불 복
ㄴ곧 백성이 ㄴ복종하지 않는다

令 素 行 者
영 바탕 행할 사람
영 소 행 자
ㄴ명령하는 ㄴ행함을 바탕으로 ㄴ자는

與 衆
더불 무리
여 중
ㄴ무리와 더불어

相 得 也
서로 얻을 조사
상 득 야
ㄴ서로 얻는 것이다

예로부터 문서로 영을 내리고 엄하게 다스리는 것을 이르러 반드시 이루어낸다고 한다. 먼저 행하고 그것을 바탕으로 명령하여 백성을 교육하면 백성들이 복종하고, 하지 말아야 할 것을 명령하여 백성을 교육하면 백성들은 복종하지 않는다. 행함을 바탕으로 명령하는 것은 부하들과 더불어 모두가 이익이다.

한번 더 생각해보기

리더가 새로운 사람으로 바뀌었다고 해봅시다. 바뀐 리더가 정말 싫어하는 일이 있는데, 부하들이 그것을 모르고 싫어하는 일을 한 겁니다. 리더는 일벌백계하겠다고 엄하게 처벌하라 하지요.

이런 것은 좋지 않습니다. 리더의 부정적인 영향력부터 배우잖아요. 리더는 먼저 자기가 정말 싫어하는 것, 부하들이 하지 않을 일을 미리 알려주어야 합니다. 계도기간을 지나 정식 시행 기간에 또 그렇게 잘못했다면 그것은 엄히 다스려야지요. 그런 것도 없이 교육하고 엄하게 다스리면, 부작용이 나타날 수 있습니다.

부하들에게 어떻게 그것을 알려주겠어요? 말과 글로 알려주어야 합니다. 전파효과가 일시적인 말보다는 글이 좀 더 낫겠지요. 그러나 글로 쓰기도 쉽지 않습니다. 자기의 지휘 철학이 정립되어 있어야 하지요. 리더는 지휘 철학을 잘 정립하고, 자기 생각을 말과 글로 잘 표현할 수 있어야 합니다. 그리고 자신이 스스로 바르게 행동하면, 엄벌로 다스리는 것을 최소화하더라도 부하들이 잘 따라옵니다.

孫子曰 凡處軍相敵 絕山依谷 視生處高 戰隆無登

此處山之軍也 絕水必遠水 客絕水而來 勿迎之於水內

令半濟而擊之利 欲戰者無附於水而迎客 視生處高

無迎水流 此處水上之軍也 絕斥澤 唯亟去無留

若交軍於斥澤之中 必依水草而背眾樹 此處斥澤之軍也

平陸處易 而右背高 前死後生 此處平陸之軍也

凡此四軍之利 黃帝之所以勝四帝也 凡軍好高而惡下

貴陽而賤陰 養生而處實 軍無百疾 是謂必勝 丘陵堤防

必處其陽 而右背之 此兵之利 地之助也 上雨水沫至

欲涉者 待其定也 凡地有絕澗 天井 天牢 天羅 天陷

天隙 必亟去之 勿近也 吾遠之 敵近之 吾迎之 敵背之

軍旁有險阻 潢井 蒹葭 林木 蘙薈 必謹覆索之

此伏姦之所也 敵近而靜者 恃其險也 遠而挑戰者

欲人之進也 其所居易者 利也 眾樹動者 來也 眾草多障者

疑也 鳥起者 伏也 獸駭者 覆也 塵高而銳者 車來也

卑而廣者徒來也

筆　記　①

散而條達者 樵採也 少而往來者 營軍也 辭卑而益備者

進也 辭強而進驅者 退也 輕車先出居其側者 陣也

無約而請和者 謀也 奔走而陳兵車者 期也 半進半退者

誘也 仗而立者 飢也 汲而先飲者 渴也 見利而不進者 勞也

鳥集者 虛也 夜呼者 恐也 軍擾者 將不重也 旌旗動者

亂也 吏怒者 倦也 殺馬肉食者 軍無糧也 懸瓿不返其舍者

窮寇也 諄諄翕翕 徐與人言者 失眾也 數賞者 窘也 數罰者

困也 先暴而後畏其眾者 不精之至也 來委謝者 欲休息也

兵怒而相迎 久而不合 又不相去 必謹察之 兵非益多也

惟無武進 足以併力料敵 取人而已 夫惟無慮而易敵者

必擒於人 卒未親附而罰之 則不服 不服則難用

卒已親附而罰不行 則不可用也 故令之以文 齊之以武

是謂必取 令素行以教其民 則民服 令不素行以教其民

則民不服 令素行者 與眾相得也

筆　記 ②

작전편作戰篇 소개

첫머리에 여러 지형의 종류를 제시합니다. 그리고 첫 단락을 맺으면서 중요한 이야기를 하는데요, 지형의 문제는 장수의 소임이라는 것입니다. (凡此六者 地之道也 將之至任 不可不察也) 그 설명이 계속되면서 지형으로 인한 폐단을 주(走), 이(弛), 함(陷), 붕(崩), 난(亂), 배(北)로 이야기합니다.

중후반부에는 모공편의 지승유오(知勝有五), 구변편의 이야기와 맥을 같이하는 말이 나옵니다. 주왈필전 무전가야(主曰必戰 無戰可也) 라고 하지요. 임금이 싸우라고 해도 안 싸울 수 있다는 것입니다. 참으로 난감합니다. 그러나 손자병법을 계속 읽으면 그 뜻을 잘 알게 될겁니다.

10

지형

地形

孫子曰	地形有通者	有掛者
자손 아들 말할	땅 모양 있을 통할 사람	있을 걸 사람
손 자 왈	지 형 유 통 자	유 괘 자
ㄴ손자가 말하기를	ㄴ땅의 모양은 ㄴ통형이 있고	ㄴ괘형이 있고

有支者	有隘者	有險者
있을 가를 사람	있을 좁을 사람	있을 험할 사람
유 지 자	유 애 자	유 험 자
ㄴ지형이 있고	ㄴ애형이 있고	ㄴ험형이 있고

有遠者	我可以往	彼可
있을 멀 사람	나 옳을 써 갈	저 옳을
유 원 자	아 가 이 왕	피 가
ㄴ원형이 있다	ㄴ나도 가히 ㄴ갈 수 있고	ㄴ적도 가히

以來	曰通	通形者	先居
써 올	말할 통할	통할 모양 사람	먼저 있을
이 래	왈 통	통 형 자	선 거
ㄴ올 수 있는 것	ㄴ통형이라 한다	ㄴ통형은	ㄴ먼저 이르고

高陽	利糧道	以戰則利
높을 볕	이로울 양식 길	써 싸울 곧 이로울
고 양	이 양 도	이 전 즉 리
ㄴ높고 볕드는 곳에	ㄴ이롭다 ㄴ양식을 보급하면	ㄴ싸우면 ㄴ이롭다

해석

손자가 말하기를 땅의 모양은 통형, 괘형, 지형, 애형, 험형, 원형이 있다. 나도 갈 수 있고, 적도 올 수 있는 곳이 통형이다. 통형은 먼저 높고 양지바른 곳을 찾아 보급로로 사용하면 좋으니 싸우면 득이 된다.

한번 더 생각해보기

지형의 여러 가지 분류가 나옵니다. 손자병법 당시 그렇게 사용되었나 봅니다. 그러나 저는 현대 전술에서 어디에서도 이렇게 사용되는 것을 본 적은 없습니다. 그러니 이런 지형의 분류를 외우는 것은 손자병법 연구에 도움이 된다고 하기 어렵습니다.

설령 이것을 외우고 하나하나의 유형을 알아서 적용해도 전술 적용에 도움이 되지 않습니다. 지형을 이용하는 것은 지형안(眼)을 가지고 스스로 착안하는 거지요. 지도를 보면서 고민해야 할 부분입니다. 그러니 여기서 얻을 수 있는 교훈은 단지 지형의 이로움을 잘 활용해야 한다는 것이지요. 그 점을 감안하고 읽기 바랍니다.

可	以	往
옳을	써	갈
가	이	왕

ㄴ 가히 갈 수는 있으나

難	以	返
어려울	써	돌아올
난	이	반

ㄴ 어렵다 ㄴ 돌아오기는

曰	掛
말할	걸
왈	괘

ㄴ 괘형이다

掛
걸
괘

形	者
모양	사람
형	자

ㄴ 괘형은

敵	無	備
원수	없을	갖출
적	무	비

ㄴ 적이 ㄴ 준비가 없으면

出	而	勝	之
날	접속사	이길	조사
출	이	승	지

ㄴ 출병해서 ㄴ 이길 수 있다

敵	若	有	備
원수	같을	있을	갖출
적	약	유	비

ㄴ 적이 만약 ㄴ 준비가 되어 있으면

出	而	不	勝
날	접속사	아닐	이길
출	이	불	승

ㄴ 출병해서 ㄴ 이기지 못한다

難	以
어려울	써
난	이

ㄴ 어렵다

返
돌아올
반

ㄴ 돌아오기도

不	利
아닐	이로울
불	리

ㄴ 불리하다

我	出	而	不	利
나	날	접속사	아닐	이로울
아	출	이	불	리

ㄴ 나도 출병해서 ㄴ 불리하고

彼
저
피

ㄴ 적도

出	而	不	利
날	접속사	아닐	이로울
출	이	불	리

ㄴ 출병해서 ㄴ 불리한 것이

曰	支
말할	가를
왈	지

ㄴ 지형이다

支	形	者
가를	모양	사람
지	형	자

ㄴ 지형은

敵	雖	利	我
원수	비록	이로울	나
적	수	리	아

ㄴ 적이 비록 ㄴ 이로움으로 ㄴ 나를

我	無	出	也
나	없을	날	조사
아	무	출	야

ㄴ 나는 ㄴ 하지마라 출병하지

引	而
인할	접속사
인	이

ㄴ 당겨서

去	之
갈	조사
거	지

ㄴ 가다가

令	敵	半	出	而	擊	之
영	원수	반	날	접속사	칠	조사
영	적	반	출	이	격	지

ㄴ 명령하여 ㄴ 적이 반쯤 나왔을 때 ㄴ 그것을 치면

利
이로울
리

ㄴ 이롭다

가히 갈 수 있으나 돌아오기 어려운 것이 괘형이다. 괘형은 적이 준비되어 있지 않으면 출병해서 승리할 수 있고, 적이 준비되어 있으면 이길 수 없다. 돌아오기도 어려워 불리하다. 나도 불리하고 적도 불리한 곳이 지(支)형이다. 지(支)형에서는 적이 비록 이로움으로 나를 유인해도 출병하지 않는다. 이끌려 가는듯 하다가 적이 반쯤 나왔을 때 공격하면 이롭다.

한번 더 생각해보기

지형을 이용하여 전술을 펼치는 이런 내용을 손자가 썼다는 것이 놀랍습니다. 고대 군사 운용은 지형을 이용하는 경우가 거의 없었지요. 평지나 구릉지대, 성에서 싸웠습니다. 일렬로 주욱 늘어서서 대치하고 있다가 각자 공격 신호에 의해 전투가 시작되는 장면을 영화에서 많이 보았을 겁니다.

험하고 어려운 지형은 나에게 도움이 될 수도 있고, 장애가 될 수도 있습니다. 그 상황을 잘 보아서, 괘형에서는 적이 준비되어 있지 않다면 공격하라고 이야기하네요. 지형에서는 적이 유인하더라도 나아가지 말고, 나아가는 척하다가 적이 반쯤 나왔을 때 공격하라고 합니다. 그 어려운 악조건의 지형에서도 피아 수 싸움이 필수적이네요.

隘 形 者 | 我 先 居 之 | 必 盈
좁을 모양 사람 | 나 먼저 있을 조사 | 반드시 찰
애 형 자 | 아 선 거 지 | 필 영
ㄴ 애형에서는 | ㄴ 내가 ㄴ 먼저 ㄴ 가 있고 | ㄴ 반드시 ㄴ 차서

之 以 待 敵 | 若 敵 先 居 之 | 盈
조사 써 기다릴 원수 | 같을 원수 먼저 있을 조사 | 찰
지 이 대 적 | 약 적 선 거 지 | 영
ㄴ 그것으로써 ㄴ 적을 기다린다 | ㄴ 만약 ㄴ 적이 먼저 ㄴ 있으면 | ㄴ 차 있으면

而 勿 從 | 不 盈 而 從 之 | 險 形
접속사 말 좇을 | 아닐 찰 접속사 좇을 조사 | 험할 모양
이 물 종 | 불 영 이 종 지 | 험 형
ㄴ 좇지 말고 | ㄴ 차 있지 않으면 ㄴ 좇아라 | ㄴ 험형에서는

者 | 我 先 居 之 | 必 居 高 陽 以
사람 | 나 먼저 있을 조사 | 반드시 있을 높을 볕 써
자 | 아 선 거 지 | 필 거 고 양 이
ㄴ 내가 먼저 ㄴ 가 있고 | ㄴ 반드시 있어 ㄴ 높고 볕드는 곳에

待 敵 | 若 敵 先 居 之 | 引 而 去
기다릴 원수 | 같을 원수 먼저 있을 조사 | 끌 접속사 갈
대 적 | 약 적 선 거 지 | 인 이 거
ㄴ 적을 기다려라 | ㄴ 만약 ㄴ 적이 먼저 ㄴ 가 있으면 | ㄴ 끌어내서 가고

之 | 勿 從 也
조사 | 말 좇을 조사
지 | 물 종 야
ㄴ 좇지는 말라

해석

애형에서는 내가 먼저 가 있고, 반드시 준비된 상태로 적을 기다려라. 만약 적이 먼저 가 있다면, 적이 준비되어 있을 때는 좇지 말고, 적이 준비되어 있지 않다면 좇아라. 험형에서는 내가 먼저 가 있고 반드시 높고 볕드는 곳에 있으면서 적을 기다려라. 만약 적이 먼저 가 있다면 유인해서 가게 하고 좇지는 마라.

한번 더 생각해보기

제대 별로 적용하는 템포가 다릅니다. 완급조절을 하는 주기가 다르다는 말이지요. 애형이나 험형은 일단 내가 빨리 가서 선점하는 것이 좋다고 합니다. 큰 틀에서 보았을 때, 그 지점을 선점하는 것은 전략적, 작전적 수준에서 유리한 상황을 조성하는 것을 의미합니다. 그것을 선점한 후에 전투준비를 최적화하는 것은 전술적 수준에서 유리한 상황을 조성하는 것이지요. 이렇게 제대 별로 '힘을 쓰는' 시점이 다르다는 것입니다. 이 말은 다층적 조직구조에도 적용합니다. 대대장이 힘을 쓰는 시점, 중대장이 힘을 쓰는 시점, 소대장, 병사 개개인이 힘을 쓰는 시점이 다릅니다.
그래서 애형이나 험형의 경우, 고급리더라면 그것을 먼저 선점하는 것이 중요하지요. 각각의 지형에서 전투준비를 최적화하는 것은 실제 현장에 있는 리더들의 문제입니다. 이런 제대별 역할 관계를 잘 알아야 부대가 바쁜 가운데서도 여유를 찾을 수 있습니다.

遠形者
멀 모양 사람
원 형 자
ㄴ원형은

勢均
기세 고를
세 균
ㄴ세력이 비슷하면

難以挑戰
어려울 써 돋을 싸울
난 이 도 전
ㄴ어렵다 ㄴ싸움을 하는 것이

戰而不利
싸울 접속사 아닐 이로울
전 이 불 리
ㄴ싸우면 ㄴ불리하다

凡此六者
무릇 이 여섯 사람
범 차 육 자
ㄴ무릇 ㄴ이 여섯 가지가

地之
땅 조사
지 지
ㄴ땅의

道也
길 조사
도 야
ㄴ분류이다

將之至任
장수 조사 이를 맡길
장 지 지 임
ㄴ장수가 ㄴ맡은 바이니

不可不察也
아닐 옳을 아닐 살필 조사
불 가 불 찰 야
ㄴ않을 수 없다 ㄴ살피지

故兵有走者
옛 군사 있을 달릴 사람
고 병 유 주 자
ㄴ그래서 ㄴ군사가 ㄴ'주'가 있고

有弛者
있을 늦출 사람
유 이 자
ㄴ'이'가 있고

有陷
있을 빠질
유 함
ㄴ'함'이 있고

者
사람
자

有崩者
있을 무너질 사람
유 붕 자
ㄴ'붕'이 있고

有亂者
있을 어지러울 사람
유 란 자
ㄴ'란'이 있고

有北
있을 달아날
유 배
ㄴ'배'가 있다

者
사람
자

凡此六者
무릇 이 여섯 사람
범 차 육 자
ㄴ무릇 ㄴ이 여섯 가지는

非天地之災
아닐 하늘 땅 조사 재앙
비 천 지 지 재
ㄴ아니다 ㄴ하늘과 땅의 ㄴ재앙

將之過也
장수 조사 허물 조사
장 지 과 야
ㄴ장수의 ㄴ허물이다

원형에서는 군사력이 비슷하면 싸움을 하기가 어렵다. 싸우면 불리하다. 무릇 이 여섯 가지가 땅의 분류이다. 장수의 소임이니 살피지 않을 수 없다. (여러 지형에서 나타나는) 군사의 모습에는 '주,' '이,' '함,' '붕,' '란,' '배'가 있다. 이 여섯 가지는 하늘과 땅의 재앙이 아니라, 장수가 잘못하는 것이다.

한번 더 생각해보기

행군하면 여러 가지 어려움을 겪습니다. 그리고 바람직하지 못한 모습도 많이 나타납니다. 지형이 험할수록 부하들을 통제하기도 어려웠던 것 같습니다.

그런 모습에 손자는 단호하게 일침을 놓습니다. 그것은 지형을 헤아려서 장수가 잘 대처할 문제지. 지형 핑계를 댈 문제가 아니라는 것입니다. 명확하게 장수의 소임이라고 밝히고, 장수의 허물이라고 말하고 있습니다. 핑계 대기를 잘하는 사람이 되어서는 안 됩니다. 핑계 대는 것으로 잠깐의 위기 모면을 할 수는 있지만, 책임지는 자세를 갖추지 못한 리더는 결코 좋은 리더가 아닙니다. 상관에게나, 부하에게나 마찬가지입니다.

夫 勢 均
대저 기세 고를
부 세 균
ㄴ대체로 ㄴ군사가 고른데

以 一 擊 十
써 한 칠 열
이 일 격 십
ㄴ하나로써 ㄴ열을 치는 것을

曰 走
말할 달릴
왈 주
ㄴ'주'라고 한다

卒 強 吏 弱
군사 강할 벼슬 약할
졸 강 리 약
ㄴ병사는 강한데 ㄴ간부는 약한 것을

曰 弛
말할 늦출
왈 이
ㄴ'이'라고 한다

吏 強 卒 弱
벼슬 강할 군사 약할
리 강 졸 약
ㄴ간부는 강한데 ㄴ병사가 약하면

曰 陷
말할 빠질
왈 함
ㄴ'함'이라고 한다

大 吏 怒 而 不 服
큰 벼슬 성낼 접속사 아닐 복종할
대 리 노 이 불 복
ㄴ고급 간부가 ㄴ성내어 ㄴ복종하지 않고

遇 敵
만날 원수
우 적
ㄴ적을 맞아

懟 而 自 戰
원망할 접속사 스스로 싸울
대 이 자 전
ㄴ원망하며 ㄴ스스로 싸우며

將 不 知 其 能
장수 아닐 알 그 능할
장 부 지 기 능
ㄴ장수가 ㄴ모르고 ㄴ그 능력을

曰 崩
말할 무너질
왈 붕
ㄴ'붕'이다

將 弱 不 嚴
장수 약할 아닐 엄할
장 약 불 엄
ㄴ장수가 약하고 ㄴ엄하지 않은 것

教 道 不 明
가르칠 길 아닐 밝을
교 도 불 명
ㄴ도를 가르침이 ㄴ명확하지 않은 것

吏 卒
벼슬 군사
이 졸
ㄴ간부와 병사가

無 常
없을 항상
무 상
ㄴ항상됨이 없이

陳 兵 縱 橫
늘어놓을 군사 세로 가로
진 병 종 횡
ㄴ군사가 진을 치는 ㄴ세로와 가로로

曰 亂
말할 어지러울
왈 란
ㄴ'란'이라고 한다

대체로 군사력이 비슷한데, 하나로써 열을 공격하는 것이 '주'이다. 병사는 강한데 간부는 약한 것이 '이'다. 간부는 강한데 병사가 약한 것이 '함'이다. 고급 간부가 성을 내어 복종하지 않고 적을 맞아 원망하며 싸우는데, 그것이 가능한지도 모르는 것은 '붕'이다. 장수가 약하고 엄하지도 않으며 그 도를 가르침이 명확하지도 않아 간부와 병사가 항상됨이 없고 군사의 진이 가로세로가 되는 것을 '란'이라고 한다.

한번 더 생각해보기

허를 차게 되는 모습들이 나옵니다. 아무리 지형 때문에 그렇다지만, 앞에서 그런 핑계 대지 말라고 했지요. 허실편에서 열로써 하나를 치는 이야기가 나오고, 군형편에서 일(鎰)과 수(銖)로 재는 이야기가 나왔지요.
여기서 나오는 것처럼 하나로 열을 치는 것은 아무것도 모르는 사람이 하는 짓입니다. 간부들이 분을 이기지 못하고 앞뒤 분간 못 하는 것이나, 장수가 유능하지 못해 끊고 맺음이 없는 것도 안타까운 일이지요. 그런 간부들, 그런 리더들은 군과 조직의 발전을 위해 높은 자리에 올라가지 않는 것이 좋습니다. 이 글을 읽는 여러분들은 그런 사람이 되지 말고, 그런 사람을 좋게 평가하지 말기 바랍니다.

將不能料敵 ｜ 以少合衆

將	不	能	料	敵	以	少	合	衆
장수	아닐	능할	헤아릴	원수	써	적을	합할	무리
장	불	능	료	적	이	소	합	중

└장수가 └능히 하지 못함 └적을 헤아림 └적음으로써 └무리와 싸우고

以弱擊强 ｜ 兵無選鋒 ｜ 曰北

以	弱	擊	强	兵	無	選	鋒	曰	北
써	약할	칠	강할	군사	없을	가릴	칼끝	말할	달아날
이	약	격	강	병	무	선	봉	왈	배

└약함으로써 └강한 것을 침 └군사가 └없다 └날카로움이 └'배'이다

凡此六者 ｜ 敗之道也 ｜ 將之

凡	此	六	者	敗	之	道	也	將	之
무릇	이	여섯	사람	패할	조사	길	조사	장수	조사
범	차	육	자	패	지	도	야	장	지

└무릇 └이 여섯 가지가 └패하는 길이다 └장수의

至任 ｜ 不可不察也 ｜ 夫地形

至	任	不	可	不	察	也	夫	地	形
이를	맡길	아닐	옳을	아닐	살필	조사	대저	땅	모양
지	임	불	가	불	찰	야	부	지	형

└임무이니 └않을 수 없다 └살피지 └대체로 └지형은

者 ｜ 兵之助也 ｜ 料敵制勝

者	兵	之	助	也	料	敵	制	勝
사람	군사	조사	도울	조사	헤아릴	원수	마를	이길
자	병	지	조	야	료	적	제	승

└군사 운용의 └보조이다 └적을 헤아리고 └승리를 만들어 감

計險阨遠近 ｜ 上將之道也

計	險	阨	遠	近	上	將	之	道	也
꾀	험할	좁을	멀	가까울	윗	장수	조사	길	조사
계	험	액	원	근	상	장	지	도	야

└계산하는 것 └지형의 여러모양 └상장군이 └할 일이다.

장수가 적을 능히 헤아리지 못하고, 적음으로써 무리와 싸우고, 약함으로써 강한 것을 친다. 군사가 날카로움이 없는 것은 '배'이다. 이 여섯 가지가 패배하는 길이다. 장수의 임무이니, 살피지 않을 수 없다. 대체로 지형은 군사 운용의 보조이다. 적을 헤아리고, 승리를 만들어가며 지형을 따지는 것은 상장군이 마땅히 할 일이다.

한번 더 생각해보기

훌륭한 리더는 지형 핑계를 대기보다는 적의 기도를 훤히 꿰뚫고, 지형을 잘 따져서 주어진 상황에서 승리를 제어해 나아가야 합니다. 그러기 위해서는 직관도 뛰어나고, 적 교리 연구도 많이 해야 하고, 지형에 대해서도 잘 알아야겠지요.

적을 어떻게 헤아리느냐? 지형을 어떻게 통달해서 그 승리의 비결을 찾아내느냐? 쉽지 않은 일입니다. 고급 리더는 어떤 일을 추진하면서 근간(根幹, 뿌리와 줄기)을 짚어낼 수 있어야 합니다. 힘들지요. 고민 많이 합니다. 그래도 해야 합니다. 그것을 안 하면 조직의 노력이 통합되지 않고 일 추진이 지지부진하게 됩니다.

또한 적을 헤아리지 못하면 어떻게 한다고 나왔어요? 적음으로 무리를 상대하고 약함으로 강함을 공격한다잖아요. 적보다 한 수 아래지요. 주, 이, 함, 붕, 난, 배. 지형 때문에 생기는 군사의 부끄러운 모습이 아니라, 리더가 부족해서 생기는 문제입니다.

知 此 而 用 戰 者 必 勝 │ 不 知 此

知	此	而	用	戰	者	必	勝	不	知	此
알	이	접속사	쓸	싸울	사람	반드시	이길	아닐	알	이
지	차	이	용	전	자	필	승	부	지	차

ㄴ이것을 알고　ㄴ싸우는 자는　ㄴ반드시 이길 것이다　ㄴ이것을 모르고

而 用 戰 者 必 敗 │ 故 戰 道 必 勝

而	用	戰	者	必	敗	故	戰	道	必	勝
접속사	쓸	싸울	사람	반드시	패할	옛	싸울	길	반드시	이길
이	용	전	자	필	패	고	전	도	필	승

ㄴ싸우는 자는　ㄴ반드시 패할 것이다.　ㄴ그런고로 ㄴ싸움이 반드시 이길 것이면

主 曰 無 戰 │ 必 戰 可 也 │ 戰 道

主	曰	無	戰	必	戰	可	也	戰	道
임금	말할	없을	싸울	반드시	싸울	옳을	조사	싸울	길
주	왈	무	전	필	전	가	야	전	도

ㄴ임금이 말했어도 ㄴ싸우지 말라고　ㄴ반드시 싸우는 것이 ㄴ가능하다　ㄴ싸움이

不 勝 │ 主 曰 必 戰 │ 無 戰 可 也

不	勝	主	曰	必	戰	無	戰	可	也
아닐	이길	임금	말할	반드시	싸울	없을	싸울	옳을	조사
불	승	주	왈	필	전	무	전	가	야

ㄴ이기지 못할 것이면　ㄴ임금이 말했어도 ㄴ반드시 싸우라고　ㄴ싸우지 않음이 ㄴ가능하다

故 進 不 求 名 │ 退 不 避 罪 惟

故	進	不	求	名	退	不	避	罪	惟
옛	나아갈	아닐	구할	미름	물러날	아닐	피할	허물	오직
고	진	불	구	명	퇴	불	피	죄	유

ㄴ그래서 나아가도 ㄴ구하지 말고　ㄴ명예를　ㄴ물러나도 ㄴ피하지 마라 ㄴ죄를　ㄴ오직

民 是 保 而 利 於 主 │ 國 之 寶 也

民	是	保	而	利	於	主	國	之	寶	也
백성	옳을	지킬	접속사	이로울	조사	임금	나라	조사	보배	조사
민	시	보	이	리	어	주	국	지	보	야

ㄴ백성을 지키고　ㄴ이로움 ㄴ임금에게　ㄴ국가의 보배같은 존재다

　이것을 알고 싸우는 자는 반드시 이긴다. 이것을 모르고 싸우는 자는 반드시 패한다. 예로부터 싸움이 반드시 이길 것이면, 임금이 싸우지 말라고 해도 싸울 수 있다. 싸움이 질 것이면, 임금이 싸우라고 해도 싸우지 않을 수 있다. 그래서 나아가서 (공을 세우더라도) 명예를 바라지 말고, 물러나서 (패전을 면하더라도) 죄를 피하지 말라. 오직 백성을 보전하고 임금에게 이익이 되는 사람이 국가의 보배 같은 사람이다.

한번 더 생각해보기

모공편, 지승유오에서 나온 '장능이군불어자승(將能而君不御者勝)'이 있었습니다. 구변편, '군명유소불수(君命有所不受)'가 있었지요. 그리고 이 말이 또 나옵니다. 옛날에 임금이 있는 곳에서는 전선의 상황을 알기 어려웠습니다. 그러니 현장에 있는 장수의 판단이 더욱 중요했지요. 그래서 이런 말도 할 수 있었을 겁니다.

그러나 임금의 명을 거역한 것은 거역한 것입니다. 싸우지 말라는데 나아가 싸워 공을 세웠더라도, 그 공치사를 바랄 수 없지요. 싸우라는데 싸우지 않고 결과를 좋게 만들었더라도, 그 죄를 피할 수 없다는 것입니다. 결국, 죽기를 각오를 하고 그렇게 해야 한다는 말입니다. 자기 판단이 그만큼 옳다는 신념이 있어야 가능하겠지요. 목숨을 걸 만큼, 그렇게 말이에요. 그래서 오로지 백성을 보전하고 임금에게 이로움을 생각하는 사람이 국가의 보배라는 겁니다. 사사로움을 멀리하고 냉철한 판단으로 옳은 일을 위해 자기의 목숨도 버릴 수 있는 맹자의 '대장부'라는 말이 떠오르네요.

視	卒	如	嬰	兒	故	可	與	之	赴	深
볼	군사	같을	갓난아이	아이	옛	옳을	더불	조사	나아갈	깊을
시	졸	여	영	아	고	가	여	지	부	심

ㄴ군사를 보기를　ㄴ같이　ㄴ갓난아이　ㄴ그래서　ㄴ가히 더불어　ㄴ나아간다

溪	視	卒	如	愛	子	故	可	與	之
시내	볼	군사	같을	사랑	아들	옛	옳을	더불	조사
계	시	졸	여	애	자	고	가	여	지

ㄴ깊은 계곡　ㄴ군사를 보기를　ㄴ같이　ㄴ사랑하는 사람　ㄴ그래서　ㄴ가히 더불어

俱	死	厚	而	不	能	使	愛	而	不
함께	죽을	두터울	접속사	아닐	능할	부릴	사랑	접속사	아닐
구	사	후	이	불	능	사	애	이	불

ㄴ함께 죽는다　ㄴ후하게 하면　ㄴ할 수 없다　ㄴ부릴 수　ㄴ사랑하면

能	令	亂	而	不	能	治	譬	如	驕
능할	영	어려울	접속사	아닐	능할	다스릴	비유할	같을	교만할
능	령	난	이	불	능	치	비	여	교

ㄴ명을 내릴 수 없다　ㄴ어지러우면　ㄴ다스릴 수 없다　ㄴ비유하면　ㄴ같다

子	不	可	用	也
아들	아닐	옳을	쓸	조사
자	불	가	용	야

ㄴ교만한 자식　ㄴ쓸 수 없는 것이다

부하 보기를 갓난아이같이 하면 가히 더불어 깊은 계곡에도 나
아갈 수 있다. 부하 보기를 사랑하는 사람같이 하면 가히 더불어
죽을 수 있다. (그러나) 후하게 하면 부릴 수 없으며 너무 사랑하면
명령을 내릴 수 없다. 어지러워 다스려지지 않는 것이 마치 교만
한 자식같아서 쓸 수 없는 것이다.

한번 더 생각해보기

리더는 당연히 부하를 존중하고 아껴서, 임무 수행에 어려움이 없게 해야
합니다. 그러나 여기서 이야기하는 것은 그것이 너무 지나치면 안 된다는
것을 말하고 있습니다.
부하를 아낀다고 전투 임무를 수행하지 못할 정도로 되면 안 되겠지요.
그것은 평소부터 리더가 중심을 잘못 생각하는 것입니다. 너무 보상을
많이 해주어서 교만한 자식같이 되어 쓸 수 없다면 그 보상은 잘못된
보상일겁니다. 인정과 칭찬도 진정성과 공평함이 유지되어야 그 가치가
빛나지요.
이것도 안 되고, 저것도 안 된다고 하면 과연 어떻게 하라는 말인지 궁금할
수 있습니다. 그 해법은 리더 스스로 '하늘이 주신 인간의 본래 모습을 찾는
것'입니다. 그것은 자신 노력에 달린 것이며, 그것을 찾고 중심을 잘 잡으면
북극성과 같이 빛나는 리더가 됩니다. 다들 그렇게 되기를 바랍니다.

知 吾 卒 之 可 以 擊 │ 而 不 知 敵

알 나 군사 조사 옳을 써 칠 │ 접속사 아닐 알 원수
지 오 졸 지 가 이 격 │ 이 부 지 적
└안다 └내 군사가 └가히 └칠 수 있는지 └그리고 └모른다

之 不 可 擊 │ 勝 之 半 也 │ 知 敵

조사 아닐 옳을 칠 │ 이길 조사 반 조사 │ 알 원수
지 불 가 격 │ 승 지 반 야 │ 지 적
└적을 └칠 수 있는지 └승리는(가능성은) 반이다 └안다

之 可 擊 │ 而 不 知 吾 卒 之 不 可

조사 옳을 칠 │ 접속사 아닐 알 나 군사 조사 아닐 옳을
지 가 격 │ 이 부 지 오 졸 지 불 가
└적을 └칠 수 있는지 └그러나 └모른다 └나의 군사가 └없는지

以 擊 │ 勝 之 半 也 │ 知 敵 之 可

써 칠 │ 이길 조사 반 조사 │ 알 원수 조사 옳을
이 격 │ 승 지 반 야 │ 지 적 지 가
└칠 수 └승리는(가능성은) 반이다 └안다 └적을 └있다

擊 │ 知 吾 卒 之 可 以 擊 │ 而 不

칠 │ 알 나 군사 조사 옳을 써 칠 │ 접속사 아닐
격 │ 지 오 졸 지 가 이 격 │ 이 부
└칠 수 └안다 └나의 군사가 └칠 수 있다 └그러나

知 地 形 之 不 可 以 戰 │ 勝 之 半 也

알 땅 모양 조사 아닐 옳을 써 싸울 │ 이길 조사 반 조사
지 지 형 지 불 가 이 전 │ 승 지 반 야
└모른다 └지형이 └싸울 수 없는 것을 └승리는(가능성은) 반이다

해석

　나의 군사가 싸울 준비가 되었는지 알지만, 적을 칠 수 있는지 모른다면 승리의 가능성은 반반이다. 적을 칠 수 있는지 알지만 나의 군사가 싸울 준비가 되었는지 모르면 승리의 가능성은 반반이다. 적을 칠 수 있는지 알고, 나의 군사가 싸울 수 있는 것도 알지만, 지형이 싸울 수 있는 지형인지 모른다면 승리의 가능성은 반반이다.

한번 더 생각해보기

나의 군사가 싸울 준비가 되었다는 것은 전투태세가 갖춰졌다는 말입니다. 적을 공격할 수 있다는 것은 적의 의도를 알고 적의 약점, 허점이 간파했다는 것입니다. 그 두 가지가 모두 되었더라도, 지형을 잘 이용할 준비가 되지 않았다면 승리는 장담할 수 없지요.
그래서 상황을 파악하는 것이 중요합니다. 전술을 펼치는 시작점은 상황을 잘 파악하는 것입니다. 상황을 모르면서 내가 생각한대로 준비하고 싸우려 하는 것은 무모한 짓입니다. 내가 무엇을 해야 하는지, 적의 의도는 무엇이며 적의 약점은 무엇인지, 나의 부대는 준비된 것이 무엇이고 부족한 것이 무엇인지, 지형은 어떠한지, 기상, 시간, 민간요소 등등 많은 요소를 활용해서 상황을 잘 파악하는 능력을 향상해야 합니다.

故 知 兵 者
옛　　알　　군사　　사람
고　　지　　병　　자
ㄴ예로부터 ㄴ안다 ㄴ군사운용

動 而 不 迷
움직일 접속사 아닐 미혹할
동　　이　　불　　미
ㄴ움직여도　　ㄴ미혹함이 없고

擧 而
들　　접속사
거　　이
ㄴ들어도

不 窮
아닐　　다할
불　　궁
ㄴ다함이 없다

故 曰
옛　　말할
고　　왈
ㄴ그래서 말하기를

知 彼 知 己
알　　저　　알　　자기
지　　피　　지　　기
ㄴ적을 알고　　ㄴ나를 알면

勝 乃 不 殆
이길　이에　아닐　위태할
승　　내　　불　　태
ㄴ승리가 이에　ㄴ위태롭지 않고

知 天 知 地
알　하늘　알　땅
지　천　지　지
ㄴ하늘을 알고　ㄴ땅을 알면

勝 乃
이길　이에
승　　내
ㄴ승리가 이에

可 全
옳을　온전할
가　　전
ㄴ온전해진다

예로부터 군사를 아는 사람은 그 운용함 있어 미혹하지도 않고, 다함도 없이 무궁무진하다. 적을 알고 나를 알면 승리가 위태롭지 않고 하늘과 땅을 알면 승리가 온전해진다.

한번 더 생각해보기

모공편 말미에 비슷한 말이 나왔었습니다. 그리고 지형편에 다시 한번 나오네요. 원문을 잘 보고 제대로 인용할 수 있어야겠습니다.
지형편의 내용이 끝났습니다. 지형을 설명한 내용은 현대 전술 연마에 많은 도움을 주지는 않습니다만, 의외로 리더의 바람직한 모습을 다루는 내용이 있었지요. 특히 '진불구명퇴불피죄(進不求名退不避罪)'는 소신을 내세울 때와 굽힐 때를 판단함에 있어 큰 의미를 줍니다.
결정 과정에서 어떤 의사를 자유롭게 개진할 수 있지만, 일단 결정된 사항에 대해서는 명령에 복종해야 하지요. 그러나 정말 죽기를 각오한 신념이 있고, 그것이 옳다고 생각한다면 그것마저도 소신을 펼칠 수 있습니다. 말이야 쉽지만, 그것이 어찌 쉬운 일이겠습니까? 그러나 수많은 부하의 생명과 국가 안위를 책임지는 군 리더는 그것을 할 수 있는 수양을 쌓아야 합니다.

孫子曰 地形有通者 有掛者 有支者 有隘者 有險者

有遠者 我可以往 彼可以來 曰通 通形者 先居高陽

利糧道 以戰則利 可以往 難以返 曰掛 掛形者 敵無備

出而勝之 敵若有備 出而不勝 難以返 不利 我出而不利

彼出而不利 曰支 支形者 敵雖利我 我無出也 引而去之

令敵半出而擊之 利 隘形者 我先居之 必盈之以待敵

若敵先居之 盈而勿從 不盈而從之 險形者 我先居之

必居高陽以待敵 若敵先居之 引而去之 勿從也 遠形者

勢均 難以挑戰 戰而不利 凡此六者 地之道也 將之至任

不可不察也 故兵有走者 有弛者 有陷者 有崩者 有亂者

有北者 凡此六者 非天地之災 將之過也 夫勢均 以一擊十

曰走 卒強吏弱 曰弛 吏強卒弱 曰陷 大吏怒而不服

遇敵懟而自戰 將不知其能 曰崩 將弱不嚴 教道不明

吏卒無常 陳兵縱橫 曰亂

筆　記　①

孫子兵法 地形篇 第十 挑戰! ②

將不能料敵 以少合衆 以弱擊强 兵無選鋒 曰北

凡此六者 敗之道也 將之至任 不可不察也 夫地形者

兵之助也 料敵制勝 計險阨遠近 上將之道也

知此而用戰者 必勝 不知此而用戰者 必敗 故戰道必勝

主曰無戰 必戰可也 戰道不勝 主曰必戰 無戰可也

故進不求名 退不避罪 惟民是保而利於主 國之寶也

視卒如嬰兒 故可與之赴深溪 視卒如愛子 故可與之俱死

厚而不能使 愛而不能令 亂而不能治 譬如驕子

不可用也 知吾卒之可以擊 而不知敵之不可擊 勝之半也

知敵之可擊 而不知吾卒之不可以擊 勝之半也 知敵之可擊

知吾卒之可以擊 而不知地形之不可以戰 勝之半也

故知兵者 動而不迷 擧而不窮 故曰 知彼知己 勝乃不殆

知天知地 勝乃可全

筆　記 ②

구지편九地篇 소개

정말 완독하기 어려운 편입니다. 내용이 다른 편의 두세 배이고, 내용도 익숙하지 않지요. 그러나 보물이 많이 숨겨져 있습니다. 처음에는 지형의 분류를 설명합니다. 비슷한 것이 지형편에도 나왔는데, 조금 다릅니다. 지형 자체 설명보다는 원정군이 겪는 상황을 지형과 결부해서 분류를 나눈 것이 특징적입니다.

그리고 구지편의 특징을 가장 잘 나타내는 곳은 '어떻게 군사를 솔연(率然)과 같이 싸우게 만들 수 있냐?'고 묻는 부분입니다. 손자는 오월동주(吳越同舟)의 예를 들면서 동기부여를 극대화하는 방법을 이야기합니다. 행군부터 지형편, 구지편이 지형 관련 내용으로 비슷한데, 그 단락의 대미를 장식하는 내용이라 하겠습니다.

11

구지

九地

孫子曰
자손 아들 말씀
손 자 왈
ㄴ손자가 말하기를

用兵之法
쓸 군사 조사 법
용 병 지 법
ㄴ군사를 쓰는　ㄴ법은

有散地
있을 흩을 땅
유 산 지
ㄴ산지가 있고

有輕地
있을 가벼울 땅
유 경 지
ㄴ경지가 있고

有爭地
있을 다툴 땅
유 쟁 지
ㄴ쟁지가 있고

有交地
있을 사귈 땅
유 교 지
ㄴ교지가 있고

有
있을
유

衢地
네거리 땅
구 지
ㄴ구지가 있고

有重地
있을 무거울 땅
유 중 지
ㄴ중지가 있고

有圮地
있을 무너질 땅
유 비 지
ㄴ비지가 있고

有圍
있을 둘레
유 위
ㄴ위지가

地
땅
지
ㄴ있고

有死地
있을 죽을 땅
유 사 지
ㄴ사지가 있다

諸侯自戰其地者
모두 임금 스스로 싸울 그 땅 사람
제 후 자 전 기 지 자
ㄴ제후가　ㄴ스스로 싸우는　ㄴ그 땅을

爲散地
할 흩을 땅
위 산 지
ㄴ산지라고 한다

入人之地不深者
들 사람 조사 땅 아닐 깊을 사람
입 인 지 지 불 심 자
ㄴ들어서서 ㄴ다른 나라에　ㄴ깊게 들어가지 않은 것을

爲輕地
할 가벼울 땅
위 경 지
ㄴ경지라고 한다

我得則利
나 얻을 곧 이로울
아 득 즉 리
ㄴ내가 얻으면　ㄴ이롭고

彼得亦利
저 얻을 또 이로울
피 득 역 리
ㄴ적이 얻어도　ㄴ이로운

者
사람
자

爲爭地
할 다툴 땅
위 쟁 지
ㄴ쟁지라고 한다

손자가 말하기를 군사를 쓰는 법은 산지, 경지, 쟁지, 교지, 구지, 중지, 비지, 위지, 사지가 있다. 제후가 스스로 자기 영토에서 싸우는 것이 산지이고, 다른 나라에 들어갔으나 깊지 않은 것을 경지라고 한다. 내가 얻으면 이롭고, 적도 얻으면 이로운 것을 쟁지라고 한다.

한번 더 생각해보기

지형과 상황을 구분하여 아홉 가지로 설명하고 있습니다. 여기서 독특한 것은 지형 그 자체의 생김새만을 가지고 분류한 것과 다르게, 상황을 지형과 결부시켰다는 점입니다. 예를 들어 '경지(輕地)'라는 것은 다른 나라에 들어서서 조금밖에 들어가지 않았다는 상황을 말하는 것이지, 지형의 생긴 모습을 나타낸 것이 아니지요.

이것을 보면서 저는 이런 생각을 합니다. 그 당시에 손자가 이것을 만들어낸 것일지, 기존에 있던 것을 정리한 것일지 모르지요. 그러나 이런 체계를 정립해서 기록으로 남겼다는 것에 대해 참 대단하다고 생각합니다.

이 글을 읽는 여러분들도 주변의 상황을 인식하고 업무를 추진하면서 스스로 체계화하고 그것을 정리하는 능력을 갖춘다면, 그 옛날의 손자와 같은 업적을 쌓을 수 있으리라 기대합니다.

我可以往 | 彼可以來 | 爲交地
나 옳을 써 갈 | 저 옳을 써 올 | 할 사귈 땅
아 가 이 왕 | 피 가 이 래 | 위 교 지
ㄴ나도 가히 ㄴ갈 수 있고 | ㄴ적도 가히 ㄴ올 수 있는 | ㄴ교지라고 한다

諸侯之地三屬 | 先至而得天下
모두 임금 조사 땅 셋 붙을 | 먼저 이를 접속사 얻을 하늘 아래
제 후 지 지 삼 속 | 선 지 이 득 천 하
ㄴ제후의 ㄴ땅이 ㄴ세 곳에 붙어 | ㄴ먼저 이르면 ㄴ얻는 ㄴ천하의

衆者 | 爲衢地 | 入人之地深
무리 사람 | 할 네거리 땅 | 들 사람 조사 땅 깊을
중 자 | 위 구 지 | 입 인 지 지 심
ㄴ무리를 | ㄴ구지라고 한다 | ㄴ들어서서 ㄴ다른 나라에 ㄴ깊이

背城邑多者 | 爲重地 | 山林險
등 성 고을 많을 사람 | 할 무거울 땅 | 뫼 수풀 험할
배 성 읍 다 자 | 위 중 지 | 산 림 험
ㄴ뒤에 ㄴ성읍이 ㄴ많은 것 | ㄴ중지라고 한다 | ㄴ산림, 험한 지형

阻沮澤 | 凡難行之道者 | 爲圮
험할 막을 못 | 무릇 어려울 다닐 조사 길 사람 | 할 무너질
조 저 택 | 범 난 행 지 도 자 | 위 비
ㄴ저수지와 연못 | ㄴ무릇 ㄴ다니기 어려운 ㄴ길을 | ㄴ비지라고 한다

地 | 所由入者隘 | 所從歸者迂
땅 | 바 말미암을 들 사람 좁을 | 바 좇을 돌아올 사람 멀
지 | 소 유 입 자 애 | 소 종 귀 자 우
| ㄴ다니는 바 ㄴ들어간 사람 ㄴ좁고 | ㄴ좇는 바 ㄴ돌아오는 사람 ㄴ멀어

彼寡可以擊吾之衆者 | 爲圍地
저 적을 옳을 써 칠 나 조사 무리 사람 | 할 둘레 땅
피 과 가 이 격 오 지 중 자 | 위 위 지
ㄴ적이 적음으로 ㄴ가히 ㄴ친다 ㄴ나의 ㄴ무리를 | ㄴ위지라고 한다

나도 갈 수 있고 적도 올 수 있는 곳이 교지이다. 제후의 땅이 세 곳에 붙어 있어 먼저 이르면 천하의 무리를 얻을 수 있는 곳이 구지이다. 다른 나라에 들어서서 깊이 들어가 내 뒤에 많은 성읍이 있는 것이 중지이다. 산림과 험한 지형, 저수지와 연못 등 다니기 어려운 곳이 비지이다. 들어가는 곳이 매우 좁고, 돌아오는 곳은 멀리 오게 되어 적이 소수의 병력으로 나의 무리를 칠 수 있는 곳이 위지이다.

한번 더 생각해보기

끝부분에 위지(圍地)에 대한 설명이 나옵니다. 얼마나 지형이 고약하고 나에게 불리하면 저렇게 안 좋겠어요? 위지(圍地)에 들어가는 것 자체가 잘못된 것입니다. 자기를 큰 위험에 빠뜨리는 거지요. 들어가는 것 자체가 이미 싸움에 진 것입니다.

그러면 들어가지 않으면 되잖아요? 그래서 전쟁에서 서로에게 위험을 감수하게 만드는 거지요. 위험한 줄 알면서도 그 수를 쓸 수밖에 없게 만드는 것이 고수(高手)입니다. 위지(圍地)에 들어가서라도 용맹하게 잘 싸우면 된다고 하는 사람이 하수(下手)이고요.

고수는 수 싸움에서 앞서갑니다. 위험에 처할 상황 자체를 만들지 않습니다. 인생의 고수는 우환이 될 일을 만들지 않지요. 우환이 될 일을 자꾸 만들면서 잘 헤쳐 나아가는 사람은, 수완이 좋기는 하지만 하수입니다.

疾戰則存 | 不疾戰則亡者 | 爲

빠를 싸울 곧 있을 | 아닐 빠를 싸울 곧 망할 사람 | 할
질 전 즉 존 | 부 질 전 즉 망 자 | 위
└전력으로 싸우면 └살고 └전력을 다하지 않으면 └망하는 것

死地 | 是故散地則無戰 | 輕地

죽을 땅 | 옳을 옛 흩을 땅 곧 없을 싸울 | 가벼울 땅
사 지 | 시 고 산 지 즉 무 전 | 경 지
└사지이다 └그래서 └산지에서는 └싸우지 말고 └경지에서는

則無止 | 爭地則無攻 | 交地則

곧 없을 그칠 | 다툴 땅 곧 없을 칠 | 사귈 땅 곧
즉 무 지 | 쟁 지 즉 무 공 | 교 지 즉
└그치지 말고 └쟁지에서는 └공격하지 말고 └교지에서는

無絶 | 衢地則合交 | 重地則掠

없을 끊을 | 네거리 땅 곧 합할 사귈 | 무거울 땅 곧 노략질
무 절 | 구 지 즉 합 교 | 중 지 즉 략
└끊지 말고 └구지에서는 └교류를 합하고 └중지에서는 └노략질하고

圮地則行 | 圍地則謀 | 死地則

무너질 땅 곧 다닐 | 둘레 땅 곧 꾀할 | 죽을 땅 곧
비 지 즉 행 | 위 지 즉 모 | 사 지 즉
└비지에서는 └다니고 └위지에서는 └꾀를 내고 └사지에서는

戰

싸울
전
└싸운다

전력을 다해 싸우면 살되, 전력을 다하지 않으면 죽는 곳은 사지이다. 그래서 산지에서는 싸우지 말고, 경지에서는 정지하지 말고, 쟁지에서는 함부로 공격하지 말고, 교지에서는 교류를 끊지 말고, 구지에서는 교류를 합하는 역할을 하고, 중지에서는 현지조달에 힘쓰고, 비지에서는 신속히 벗어나고, 위지에서는 꾀를 써서 벗어나고, 사지에서는 죽기를 각오하고 싸워야 한다.

한번 더 생각해보기

대체로 일이 진행되는 것을 보면, 작은 것으로부터 시작합니다. 그리고 어떤 방향으로 전개되어 나중에는 그 감당을 할 수 없게 됩니다. 앞에서 고수(高手)이야기를 했는데요. 그 연장선에서 더 이야기합니다.

산지(散地)는 자기 땅에서 싸우는 경우를 말합니다. 여기서 손자는 싸우지 말라고 하지요. 물론 당사자는 안 싸우고 싶겠지요. 그런데 다른 나라가 쳐들어오면 어쩔 수 없이 싸우게 됩니다. 자기 의지와 상관없이요.

일이 작은 수준에 머물러 있을 때, 그것을 기미(幾微)라고 합니다. 낌새라는 의미지요. 그 낌새를 미리 알고 예측해야 합니다. 그래서 일이 진행될 방향을 알고, 사전에 그것을 예방하거나, 대비해야 합니다. 부대에서도 어떤 부분에서 큰 사고가 발생했다면, 그것은 하루아침에 비롯된 것이 아닐 가능성이 큽니다. 작은 수준의 단계에서 그것을 방치한 것이 오랜 기간 누적되면서 터진 것이지요. 그런 일을 잘 살펴야겠습니다.

古	之	所	謂	善	用	兵	者	能	使	敵	人
옛	조사	바	이를	잘할	쓸	군사	사람	능할	하여금	원수	사람
고	지	소	위	선	용	병	자	능	사	적	인

ㄴ옛날에　ㄴ이르는 바　ㄴ잘하는 ㄴ쓰기를 ㄴ군사 ㄴ사람　ㄴ능히　ㄴ적으로 하여금

前	後	不	相	及	衆	寡	不	相	恃
앞	뒤	아닐	서로	미칠	무리	적을	아닐	서로	믿을
전	후	불	상	급	중	과	불	상	시

ㄴ앞뒤가　ㄴ서로 미치지 못하게　ㄴ많음과 적음이　ㄴ서로 믿지 못하게

貴	賤	不	相	救	上	下	不	相	扶	卒
귀할	천할	아닐	서로	건질	윗	아래	아닐	서로	도울	군사
귀	천	불	상	구	상	하	불	상	부	졸

ㄴ귀함과 천함이　ㄴ서로 구하지 못하게　ㄴ위와 아래가　ㄴ서로 돕지 못하게　ㄴ군사가

離	而	不	集	兵	合	而	不	齊	合	於
헤어질	접속사	아닐	모일	군사	합할	접속사	아닐	가지런할	합할	조사
리	이	부	집	병	합	이	부	제	합	어

ㄴ나누어져　ㄴ모이지 못하게　ㄴ군사가 합해도　ㄴ가지런하지 못하게　ㄴ합하면

利	而	動	不	合	於	利	而	止
이로울	접속사	움직일	아닐	합할	조사	이로울	접속사	그칠
리	이	동	불	합	어	리	이	지

ㄴ이로움에　ㄴ움직이고　ㄴ합하지 않으면 ㄴ이로움에　ㄴ그친다

옛날에 소위 용병을 잘하는 사람은 능히, 적이 앞뒤가 미치지 못하고, 크고 작은 부대가 서로 믿지 못하고, 귀함과 천함이 서로 구하지 못하고, 위와 아래가 서로 돕지 못하고, 군사가 떨어져서 모이지 못하고, 군사가 합쳐도 가지런하지 못하게 만든다. 이로움에 합하면 행하고, 이로움에 합하지 않으면 그친다.

한번 더 생각해보기

싸움에 있어 이로움이 무엇인지를 생각해야 합니다. 전투 현장에서 용맹하게 싸우면서 많은 적을 무찌르는 것을 좋다고 생각할 수 있습니다. 그러나 고급 간부가 될수록 그것이 반드시 이로운 것은 아닙니다. 전술적 수준에서 승리를 거두더라도, 작전적 수준이나 전략적 수준에서는 이로움이 아닐 수 있음을 인식해야 합니다. 그러니 어떤 것이 이로움인지 고민하는 것은 무척 중요한 일이지요.
그래서 잘 싸우는 사람은, 위험에 닥쳐서 잘하는 사람을 말하는 것이 아니라, 애당초 적이 손을 쓸 수 없게 만들어 놓고 싸우는 사람입니다.
이기고 싸우는, 선승구전(先勝求戰)과 통하는 말입니다.

敢問敵眾整而將來 │ 待之若何

敢	問	敵	眾	整	而	將	來	待	之	若	何
감히	물을	원수	무리	가지런할	접속사	장차	올	기다릴	조사	같을	어찌
감	문	적	중	정	이	장	래	대	지	약	하

└감히 묻습니다 └적 무리가 정정하게 └장차 온다면 └기다리며 └어찌합니까

曰 │ 先奪其所愛 │ 則聽矣

曰	先	奪	其	所	愛	則	聽	矣
말할	먼저	빼앗을	그	바	사랑	곧	들을	조사
왈	선	탈	기	소	애	즉	청	의

└말하되 └먼저 빼앗으라 └그 소중히 여기는 바를 └그러면 들으리라

兵之情主速 │ 乘人之不及

兵	之	情	主	速	乘	人	之	不	及
군사	조사	뜻	주인	빠를	탈	사람	조사	아닐	미칠
병	지	정	주	속	승	인	지	불	급

└군사의 └뜻 └속도를 주로하고 └다른 사람을 타서 └미치지 못하게

由不虞之道 │ 攻其所不戒也

由	不	虞	之	道	攻	其	所	不	戒	也
말미암을	아닐	헤아릴	조사	길	칠	그	바	아닐	경계할	조사
유	불	우	지	도	공	기	소	불	계	야

└간다 └헤아리지 않은 └길을 └공격한다 └그 ~하는 바 └경계하지 않는

凡爲客之道 │ 深入則專 │ 主人

凡	爲	客	之	道	深	入	則	專	主	人
무릇	할	손님	조사	길	깊을	들	곧	오로지	주인	사람
범	위	객	지	도	심	입	즉	전	주	인

└무릇 손님이 되는 └길은 └깊이 들어가면 └하나로 하고 └주인이

不克 │ 掠於饒野 │ 三軍足食

不	克	掠	於	饒	野	三	軍	足	食
아닐	이길	노략질	조사	넉넉할	들	셋	군사	충분할	먹을
불	극	략	어	요	야	삼	군	족	식

└이기지 못하게 └노략질한다 └넉넉한 들판을 └삼군 └식량이 충분하고

謹養而勿勞 │ 併氣積力

謹	養	而	勿	勞	併	氣	積	力
삼갈	기를	접속사	말	일할	아우를	기운	쌓을	힘
근	양	이	물	로	병	기	적	력

└삼가 기르며 └일하지 말고 └기운과 더불어 └힘을 쌓는다

해석

감히 묻습니다. 대규모 적이 정연하게 공격해온다면 어찌해야
겠습니까? 말하되, 먼저 그 소중히 여기는 것을 빼앗아야 한다. 그
러면 우리 편의 말을 들을 것이다. 군사의 속성은 속도를 주로 한다.
적과 견주어 적은 미치지 못하고, 적이 헤아리지 않은 길을 가며,
적이 경계하지 않는 곳을 친다. 무릇 적국에 침입해서 깊이 들어
가면 하나로 뭉쳐야 하고, 적이 이기지 못하도록 곡식이 넉넉한
들판을 장악해서 삼군의 식량이 충분하게 한다. 신중하게 하여 불
필요하게 일하지 말고, 기운과 힘을 비축한다.

한번 더 생각해보기

나폴레옹이 그 당시 획기적인 전술을 도입해서 많은 승리를 이끌었지요.
일례로 당시 60~70보였던 분당 걸음 수를 지금의 수준으로 높였다고
하지요. 그러니 다른 부대가 갖추지 못한 속도를 발휘했을 겁니다. 비슷한
이야기가 나오네요. 병지정주속(兵之情主速) 이라는 말입니다. 대규모 적이
온다고 해도 신속한 군사 운용으로 적의 중요한 부분을 먼저 치면 힘을
쓰지 못한다는 것입니다.
그리고 다른 나라에서 전쟁할 때, 깊이 들어간 상황에서 어떻게 하라는
말이 좀 인상적입니다. 들판에 곡식을 거두어서 양식을 충분하게 모으고,
불필요하게 힘을 소모하지 말라고 하네요.
여러분. 대부분 어떤 집단의 관리자가 될 텐데, 불필요한 곳에 힘과 기운을
낭비하지 않아야 합니다. 잘못하면 꼭 필요한 곳에 사용하지 못하거든요.
그때는 안타까워해도 소용없습니다.

運兵計謀
돌 군사 꾀 꾀
운 병 계 모
└병력 운용에 └꾀를 내어

爲 不 可 測
할 아닐 옳을 잴
위 불 가 측
└되게 한다 └측량하지 못하게

投 之 無
던질 조사 없을
투 지 무
└던져서 └없는

所 往
바 갈
소 왕
└갈 바가

死 且 不 北
죽을 또 아닐 달아날
사 차 불 배
└죽어도 └또한 └달아나지 않고

死 焉 不 得
죽을 어찌 아닐 얻을
사 언 부 득
└죽어도 └어쩔 수 없는

士 人 盡 力
선비 사람 다할 힘
사 인 진 력
└군사들은 └힘을 다한다

兵 士 甚 陷 則 不 懼
군사 선비 심할 빠질 곧 아닐 두려워할
병 사 심 함 즉 불 구
└군사들은 └깊이 빠지면 └두려워하지 않고

無 所 往 則 固
없을 바 갈 곧 굳을
무 소 왕 즉 고
└없으면 └갈 바가 └굳어지고

深 入 則 拘
깊을 들 곧 잡을
심 입 즉 구
└깊이 들어가면 └구속되고

不 得
아닐 얻을
부 득
└어쩔 수 없으면

己 則 鬪
이미 곧 싸울
이 즉 투
└싸운다

是 故 其 兵 不 修 而 戒
옳을 옛 그 군사 아닐 닦을 접속사 경계할
시 고 기 병 불 수 이 계
└그래서 └그 군사가 └닦지 않아도 └경계하고

不 求 而 得
아닐 구할 접속사 얻을
불 구 이 득
└구하지 않아도 └얻고

不 約 而 親
아닐 약속할 접속사 친할
불 약 이 친
└약속하지 않아도 └친해지고

不 令
아닐 영
불 령
└영을 안 내려도

而 信
접속사 믿을
이 신
└믿음이 쌓인다

禁 祥 去 疑
금할 제사 갈 의심할
금 상 거 의
└제사(미신)를 금하고 └의심을 없애면

至 死 無 所 之
이를 죽을 없을 바 조사
지 사 무 소 지
└죽음에 이르러도 └갈 곳이 없다

꾀를 내어 군사를 운용하며 적이 예측하지 못하게 만든다. 갈 바가 없는 곳에 처하게 하여 죽어도 달아나지 않고, 어쩔 수 없는 상황이 되면 군사들은 전력을 다한다. 군사들이 깊은 곳에 빠지면 두려움이 없어지고 갈 바가 없으면 굳게 뭉치며, 깊이 들어가면 구속되고, 부득이하면 싸운다. 그렇게 되면 군사는 수련하지 않아도 경계하고, 구하지 않아도 스스로 얻고, 약조가 없어도 친해지고, 영을 내리지 않아도 신뢰하고, 미신을 금하고 의혹을 없애면 죽음에 이르러서도 갈 곳이 없다.

한번 더 생각해보기

기본적으로 리더십은 인의(仁義)를 바탕으로 덕정(德政)을 베푸는 것입니다. 평시나, 전시나 똑같지요. 그런데 전시에는 모두가 죽을 수 있는 위기에 처할 때도 있습니다. 어떤 상황은 너무 급해서 세부 사항을 설명해줄 여유도 없을 수 있습니다.

그래도 평시에 인의를 바탕으로 한 덕정을 잘 펼쳤다면, 부하들은 놀라운 능력을 발휘할 것입니다. 모든 사람이 위기를 인식하고 하나로 합쳐 그것을 극복하려 노력하지요. 리더는 그런 시기에 노력을 통합 할 수 있는 구심점을 제시해야 합니다. 그것만으로도, 부하들은 죽기를 두려워하지 않고, 스스로 알아서 하면서 전투에서 싸워 이기기 위해 전력을 다합니다. 리더는 이러한 잠재력을 기르는 것에 평시부터 노력해야 합니다. 부하들이 평소에 리더를 신망하지 않고 애대심이 없다면, 자기만 살려 하겠지요. 그 결과는 조직의 와해로 이어질겁니다. 리더가 참 중요하지요.

吾 士 無 餘 財 | 非 惡 貨 也 | 無 餘

나 선비 없을 남을 재물 | 아닐 미워할 재화 조사 | 없을 남을
오 사 무 여 재 | 비 오 화 야 | 무 여
ㄴ내 군사들이 ㄴ없다 ㄴ여분의 재물 | ㄴ미워해서가 아니다 ㄴ재화를 | ㄴ남는 것 없다

命 | 非 惡 壽 也 | 令 發 之 日 | 士

목숨 | 아닐 미워할 목숨 조사 | 영 쏠 조사 날 | 선비
명 | 비 오 수 야 | 영 발 지 일 | 사
ㄴ목숨이 | ㄴ미워해서가 아니다 ㄴ목숨을 | ㄴ명령이 발령되는 ㄴ날에는

卒 坐 者 涕 霑 襟 | 偃 臥 者 涕 交 頤

군사 앉을 사람 눈물 젖을 옷깃 | 누울 엎드릴 사람 눈물 사귈 턱
졸 좌 자 체 점 금 | 언 와 자 체 교 이
ㄴ군사가 ㄴ앉은 자는 ㄴ눈물이 옷깃을 적시고 | ㄴ누운자는 ㄴ눈물이 흐른다 ㄴ턱

投 之 無 所 往 | 則 諸 劌 之 勇 也

던질 조사 없을 바 갈 | 곧 모두 상처 조사 날쌘 조사
투 지 무 소 왕 | 즉 제 귀 지 용 야
ㄴ던지면 ㄴ없는 ㄴ갈 바가 | ㄴ곧 ㄴ제귀의 ㄴ용기가 나온다

故 善 用 兵 者 | 譬 如 率 然 | 率 然

옛 잘할 쓸 군사 사람 | 비유할 같을 거느릴 그러할 | 거느릴 그러할
고 선 용 병 자 | 비 여 솔 연 | 솔 연
ㄴ예로부터 ㄴ잘하는 ㄴ용병을 ㄴ사람은 | ㄴ비유하면 같다 ㄴ솔연과 | ㄴ솔연은

者 | 常 山 之 蛇 也 | 擊 其 首 則 尾

사람 | 항상 뫼 조사 뱀 조사 | 칠 그 머리 곧 꼬리
자 | 상 산 지 사 야 | 격 기 수 즉 미
| ㄴ상산의 ㄴ뱀이다 | ㄴ치면 ㄴ그 머리 ㄴ곧 ㄴ꼬리

至 | 擊其尾則首至 | 擊其中則

이를 | 칠 그 꼬리 곧 머리 이를 | 칠 그 가운데 곧
지 | 격 기 미 즉 수 지 | 격 기 중 즉
└이르고 | └치면 └그 꼬리 └머리가 이르고 | └치면 └그 가운데 └곧

首尾俱至

머리 꼬리 함께 이를
수 미 구 지
└머리와 꼬리가 └함께 이른다

　내 군사가 여분의 재물이 없는 것은 재물을 미워해서가 아니며, 남는 목숨이 없는 것은 그것을 싫어해서가 아니다. 명령이 나는 날에 앉은 자는 눈물이 흘러 옷깃을 적시고, 누운 자는 눈물이 턱으로 흐른다. 그러나 갈 바가 없는 곳에 던져지면 제귀(전제와 조귀. 옛날 장수 이름)의 용기가 생기는 것이다. 예로부터 잘 싸우는 사람을 솔연으로 비유한다. 솔연은 상산에 사는 뱀이다. 머리를 치면 꼬리가 달려들고, 꼬리를 치면 머리가 달려들고, 가운데를 치면 꼬리와 머리가 함께 달려든다.

누구든 살고 싶지 않고, 재물에 대한 욕심이 없겠습니까? 바로 이점을
이야기하고 있습니다. 재물과 목숨에 대해 탐하지 않는 것처럼 보이는
군사들이지만, 실제 알고 보면 출정을 앞두고는 눈물을 흘린다는 것이지요.
그래도 갈 곳이 없는 막다른 상황에 직면하면, 가지고 있는 것보다 훨씬 더
큰 능력을 발휘한다는 것입니다. 구지(九地)편이 지형과 상황을 결부하여
설명하고 있다고 했지요. 지형은 결국 보조요, 그것을 잘 다스려서 큰
능력을 발휘하게 하는 것은 장군의 힘입니다.
솔연은 뱀 이름입니다. 상산이라는 곳에 사는 뱀이지요. 모두 상상 속의
명칭입니다. 어느 곳을 공격해도 상황에 따라 즉시 반격하는 것을 보니,
참으로 능력이 뛰어난 뱀일 것 같군요.

敢 問 | 兵 可 使 如 率 然 乎 | 曰 可

| 감히 | 물을 | 군사 | 옳을 | 하여금 | 같을 | 다스릴 | 그러할 | 조사 | 말할 | 옳을 |
| 감 | 문 | 병 | 가 | 사 | 여 | 솔 | 연 | 호 | 왈 | 가 |

└감히 묻습니다. └군사가 가히 하여금 └솔연같이 됩니까? └말하되 가능

夫 吳 人 與 越 人 相 惡 也 | 當 其 同

| 대저 | 오나라 | 사람 | 더불 | 월나라 | 사람 | 서로 | 미워할 | 조사 | 당할 | 그 | 같을 |
| 부 | 오 | 인 | 여 | 월 | 인 | 상 | 오 | 야 | 당 | 기 | 동 |

└대저 └오나라 사람과 월나라 사람 └서로 미워했다 └당해서 └같은 배

舟 而 濟 遇 風 | 其 相 救 也 | 如 左

| 배 | 접속사 | 건널 | 만날 | 바람 | 그 | 서로 | 구할 | 조사 | 같을 | 왼 |
| 주 | 이 | 제 | 우 | 풍 | 기 | 상 | 구 | 야 | 여 | 좌 |

└물 건널 때 └바람을 만나면 └그 서로 구하는 바가 └같다

右 手 | 是 故 方 馬 埋 輪 | 未 足 恃

| 오른 | 손 | 옳을 | 옛 | 놓을 | 말 | 묻을 | 바퀴 | 아닐 | 충분할 | 믿을 |
| 우 | 수 | 시 | 고 | 방 | 마 | 매 | 륜 | 미 | 족 | 시 |

└왼손과 오른손 └그런 고로 └말을 놓아주고 └바퀴를 묻는 것 └충분하지 않다 └믿기에

也 | 齊 勇 若 一 | 政 之 道 也 | 剛

| 조사 | 가지런할 | 날쌘 | 같을 | 한 | 정사 | 조사 | 길 | 조사 | 굳셀 |
| 야 | 제 | 용 | 약 | 일 | 정 | 지 | 도 | 야 | 강 |

└가지런하고 용기있게 └하나같이 └다스리는 └방법이다

柔 皆 得 | 地 之 理 也

| 부드러울 | 모두 | 얻을 | 땅 | 조사 | 이치 | 조사 |
| 유 | 개 | 득 | 지 | 지 | 리 | 야 |

└굳셈과 부드러움을 같이 얻음은 └땅의 이치이다.

해석

감히 묻습니다. 군사가 어찌하면 솔연과 같이 될까요? 말하되, 가능합니다. 대체로 오나라와 월나라 사람은 서로 미워합니다. 그러나 같은 배에 타서 물을 건널 때, 바람을 만나면 그 돕는 것이 왼손, 오른손 같습니다. 그래서 말을 풀어주고 바퀴를 묻어버리는 정도로는 충분하지 않습니다. 하나가 되어 용맹함을 발휘하도록 하는 것이 (장수가) 다스리는 도이고, 굳셈과 부드러움을 갖추게 하는 것은 땅의 이치가 더해서 가능한 것입니다.

한번 더 생각해보기

솔연이라는 뱀에 감탄하는 것보다, 내가 다스리는 군사를 어떻게 그렇게 만들 것인가를 고민해야 합니다. 그것이 가능하다고 하네요. 외부적인 위협요인이 있으면 내부적으로 단합하게 되지요. 노력을 통합하는 구심점이 생기는 것입니다. 그래서 더 이상 돌아갈 길은 없다며 말을 다 놓아주고 바퀴를 묻어버려도 충분하지 않다고 하지요. 장수의 다스림은 평소부터 그런 것에 초점을 맞춰야 합니다. 그리고 거기에 더해서, 지형의 이치를 잘 활용하면 강함과 부드러움, 음양(陰陽)을 모두 얻을 수 있습니다.

故善用兵者 携手若使一人

옛	잘할	쓸	군사	사람	이을	손	같을	하여금	한	사람
고	선	용	병	자	휴	수	약	사	일	인

ㄴ그래서 ㄴ잘하는 ㄴ용병을 ㄴ사람은 ㄴ손을 잡게 ㄴ마치 ㄴ한 사람이

不得已也 將軍之事 靜以幽

아닐	얻을	이미	조사	장수	군사	조사	일	고요할	써	그윽할
부	득	이	야	장	군	지	사	정	이	유

ㄴ부득이하기 때문이다 ㄴ장군의 ㄴ일은 ㄴ고요하고 ㄴ그윽하다

正以治 能愚士卒之耳目

바를	써	다스릴	능할	어리석을	선비	군사	조사	귀	눈
정	이	치	능	우	사	졸	지	이	목

ㄴ바름으로 다스린다 ㄴ능히 ㄴ어리석게 ㄴ사졸의 ㄴ귀와 눈을

使之無知 易其事 革其謀

하여금	조사	없을	알	바꿀	그	일	가죽	그	꾀
사	지	무	지	역	기	사	혁	기	모

ㄴ그들로 하여금 ㄴ무지하게 하고 ㄴ그 일을 바꾸고 ㄴ꾀를 뒤집고

使人無識 易其居 迂其途

하여금	사람	없을	알	바꿀	그	있을	멀	그	길
사	인	무	식	역	기	거	우	기	도

ㄴ사람들로 하여금 ㄴ모르게 한다 ㄴ있는 곳을 바꾸고 ㄴ길을 멀리 돌아가서

使人不得慮 帥與之期 如登

하여금	사람	아닐	얻을	생각할	장수	더불	조사	기약할	같을	오를
사	인	부	득	려	수	여	지	기	여	등

ㄴ사람들이 ㄴ생각하지 못하게 한다 ㄴ장수가 더불어 ㄴ기약한 때에 ㄴ같다

高而去其梯

높을	접속사	갈	그	사다리
고	이	거	기	제

ㄴ높은 곳에 올라 ㄴ사다리를 치운다

　그래서 용병을 잘하는 사람은 부득이한 상황을 만들어서 마치 한 사람이 손을 잡는 것처럼 만든다. 장군의 일은 고요하고 그윽하며, 바름으로 다스린다. 능히 사졸들의 이목을 어리석게 만들어 그들이 모르게 한다. 일을 바꾸고 꾀를 뒤집어 사람들이 모르게 한다. 숙영지를 바꾸고 가는 길을 바꿔서 사람들이 생각하지 못한다. 장수가 기약한 때에, 높은 곳에 오르면 사다리를 치운다.

한번 더 생각해보기

상산의 뱀, 솔연에 대한 이야기에서 계속 이어지고 있는 부분입니다. 어떻게 하면 솔연처럼 만들 수 있겠냐고 하고, 오월동주(吳越同舟)의 예를 들어 설명했지요. 그렇게 만드는 것을 장수가 해야 한다고 합니다. 그러면서 정이유 정이치(靜以幽 正以治)라고 합니다.

장수의 다스림이 그렇게 될 수 있는 이유는, 그때그때 생각대로 아무렇게나 하지 않기 때문입니다. 글의 설명을 보면 마치 이랬다저랬다 하는 것처럼 보일 수 있습니다. 그러나 손자병법 전편을 보았을 때, 임기응변식 재주를 부려서 승리할 수 있는 것은 없습니다. 이것저것 바꾸기 위해서는 수많은 우발계획이 머릿속에서 준비되어 있다는 말이지요. 실제로 여러분들이 이랬다저랬다 해보세요. 손자병법에서 제시한 그런 효과를 얻기는커녕, 아무런 득도 없이 부하들의 불평만 늘어날 겁니다. 말처럼 쉽게 접근하는 것 아닙니다. 대단한 내공이 바탕이 되고 많은 우발계획을 준비해야 가능합니다.

帥 與 之 深 入 諸 侯 之 地 │ 而 發 其

장수 더불 조사 깊을 들 모두 임금 조사 땅 │ 접속사 쏠 그
수 여 지 심 입 제 후 지 지 │ 이 발 기
ㄴ장수가 ㄴ더불어 ㄴ깊이 들어가 ㄴ제후의 ㄴ땅에 ㄴ그래서 ㄴ발사하고

機 │ 若 驅 群 羊 │ 驅 而 往 │ 驅 而

틀 │ 같을 몰 무리 양 │ 몰 접속사 갈 │ 몰 접속사
기 │ 약 구 군 양 │ 구 이 왕 │ 구 이
ㄴ그 틀을 ㄴ마치 ㄴ몰 듯 ㄴ무리의 양을 ㄴ몰아서 ㄴ갔다가 ㄴ몰아서

來 │ 莫 知 所 之 │ 聚 三 軍 之 衆

올 │ 없을 알 바 조사 │ 모일 셋 군사 조사 무리
래 │ 막 지 소 지 │ 취 삼 군 지 중
ㄴ왔다가 ㄴ알지 못하게 ㄴ그 가는 바를 ㄴ모아서 ㄴ삼군의 무리를

投 之 於 險 │ 此 將 軍 之 事 也 │ 九

던질 조사 조사 험할 │ 이 장수 군사 조사 일 조사 │ 아홉
투 지 어 험 │ 차 장 군 지 사 야 │ 구
ㄴ던져 ㄴ험한 곳에 ㄴ이것이 ㄴ장군의 ㄴ일이다

地 之 變 │ 屈 伸 之 利 │ 人 情 之 理

땅 조사 변할 │ 굽을 펼 조사 이로울 │ 사람 뜻 조사 이치
지 지 변 │ 굴 신 지 리 │ 인 정 지 리
ㄴ여러 지형의 변화와 ㄴ굽힐때와 펼때의 ㄴ이로움 ㄴ사람의 ㄴ뜻의 ㄴ이치

不 可 不 察 也

아닐 옳을 아닐 살필 조사
불 가 불 찰 야
ㄴ없다 ㄴ살피지 않을 수

장수가 함께 타국에 깊이 쳐들어가서, 그 쇠뇌(틀)를 발사하고 마치 무리의 양을 몰 듯이 이리 갔다가 저리 왔다가 하며 그 가는 바를 알지 못한다. 삼군의 무리를 모아 험한 곳에 처하게 하는 것이 장군의 일이다. 여러 가지 지형의 변화, 뜻을 펴고 굽히는 것의 장단점, 사람 뜻의 이치를 살피지 않을 수 없다.

한번 더 생각해보기

바로 이야기 나오잖아요. 장수가 그냥 막 하지 않아야 합니다. 면밀한 검토 끝에, 여러 가지를 다 따져보고 하는 것입니다. 구변편에서 지혜로운 사람의 고민 속에는 이해(利害)가 섞여 있다고 했지요? 아주 머릿속이 복잡할 겁니다. 그래도 과정과 절차를 준비하고 그럼으로써 얻는 성과가 있습니다. 여기서 한 가지, 짚어야 할 부분이 있습니다. 당시 군사는 전쟁을 위해 징집된 군사이며, 현대의 상비군과 다르다는 것입니다. 처음 모여서 간단한 훈련만 받고 원정을 나왔겠지요. 그러니 이러한 동기부여 방법이 손자병법에서 강조될 수 있는 것입니다. 이러한 동기부여 방법을 현대의 군에 그대로 적용하는 것보다, 때와 상황에 맞춰 적절하게 적용해야 합니다.

凡 爲 客 之 道 │ 深 則 專 │ 淺 則 散

무릇　할　손님　조사　길　　　깊을　곧　오로지　　얕을　곧　흩을
범　　위　객　　지　도　　　심　즉　전　　　천　즉　산

└무릇　└손님이 되는　└방법은　　　└깊으면　└하나가 되고　└얕으면　└흩어진다

去 國 越 境 而 師 者 │ 絶 地 也 │ 四

갈　나라　넘을　지경　접속사　군사　사람　　끊을　땅　조사　　넷
거　국　월　경　이　사　자　　　절　지　야　　　사

└나라를 떠나　└경계를 넘어　　└군사 운용은　　└절지이다.　　　└넷으로

達 者 │ 衢 地 也 │ 入 深 者 │ 重 地

통달할　사람　　네거리　땅　조사　　들　깊을　사람　　무거울　땅
달　자　　　구　지　야　　　입　심　자　　　중　지

└통달하는 것은　└구지이다　　└깊이 들어간 것은　└중지이다

也 │ 入 淺 者 │ 輕 地 也 │ 背 固 前

조사　　들　얕을　사람　　가벼울　땅　조사　　등　굳을　앞
야　　　입　천　자　　　경　지　야　　　배　고　전

　　└얕게 들어간 것은　└경지이다　　└뒤가 굳고　└앞이

隘 者 │ 圍 地 也 │ 無 所 往 者 │ 死

좁을　사람　　둘레　땅　조사　　없을　바　갈　사람　　죽을
애　자　　　위　지　야　　　무　소　왕　자　　　사

└좁은 것은　└위지이다　　└~할 바가 없다　└갈

地 也 │ 是 故 散 地 │ 吾 將 一 其 志

땅　조사　　옳을　옛　흩을　땅　　나　장수　한　그　뜻
지　야　　　시　고　산　지　　　오　장　일　기　지

└사지이다　└그래서　└산지에서　　└나의 장수는　└뜻을 하나로 하고

輕 地 │ 吾 將 使 之 屬

가벼울　땅　　나　장수　하여금　조사　엮을
경　지　　　오　장　사　지　속

└경지에서는　└나의 장수는　　└부하들을 엮으며

무릇 타국을 원정할 때 깊으면 하나가 되고, 얕으면 흩어진다. 나라를 떠나 국경을 넘어 군사를 운용하는 것은 절지이다. 네 방향으로 통하는 것은 구지이다. 깊이 들어간 것은 중지이며 얕게 들어간 것은 경지이다. 뒤가 굳고 앞이 좁은 것은 위지이다. 갈 곳이 없는 것은 사지이다. 따라서 산지에서 나의 장수들은 부하들의 뜻을 하나로 모으고 경지에서 나의 장수들은 결속력을 높인다.

한번 더 생각해보기

지형의 분류가 많이 나옵니다. 한 번 정리해보겠습니다. 지형편 첫머리에서 지형의 분류를 통(通), 괘(掛), 지(支), 애(隘), 험(險), 원(遠)으로 분류했습니다. 지형의 생김새를 있는 그대로 분류기준으로 삼았다고 생각합니다. 그리고 그에 따라 나타나는 병력 운용의 부적절한 모습을 주(走), 이(弛), 함(陷), 붕(崩), 난(亂), 배(北)로 설명했지요. 구지편에서는 다시 지형의 분류를 산(散), 경(輕), 쟁(爭), 교(交), 구(衢), 중(重), 비(圮), 위(圍), 사(死)로 분류합니다. 원정군의 상황과 결부한 것입니다. 그리고 여기에 또 절(絶), 구(衢), 중(重), 경(輕), 위(圍), 사(死)지를 언급합니다. 이어서 나오는 '나의 장수는 ~에 노력한다'는 설명은 구지편 첫머리의 분류에 따라 설명합니다. 복잡하지요? 저도 이번에 정리를 해보았습니다만 이것이 왜 이렇게 사용되었는가 정확하게 설명할 수 있는 사람은 없을겁니다. 처음에 언급했던 대로 너무 신경쓰지 말고 지나가기 바랍니다.

爭地 | 吾將趨其後 | 交地 吾
다툴 땅 | 나 장수 좇을 그 뒤 | 사귈 땅 나
쟁 지 | 오 장 추 기 후 | 교 지 오
ㄴ쟁지에서 | ㄴ나의 장수는 ㄴ그 뒤를 좇고 | ㄴ교지에서 ㄴ나의

將謹其守 | 衢地 | 吾將固其結
장수 삼갈 그 지킬 | 네거리 땅 | 나 장수 굳을 그 맺을
장 근 기 수 | 구 지 | 오 장 고 기 결
ㄴ장수는 삼가 ㄴ지키며 | ㄴ구지에서 | ㄴ나의 장수는 ㄴ단결을 굳게 하며

重地 | 吾將繼其食 | 圮地 | 吾
무거울 땅 | 나 장수 이을 그 밥 | 무너질 땅 | 나
중 지 | 오 장 계 기 식 | 비 지 | 오
ㄴ중지에서 | ㄴ나의 장수는 ㄴ그 식량을 잇고 | ㄴ비지에서 | ㄴ나의

將進其途 | 圍地 | 吾將塞其闕
장수 나아갈 그 길 | 둘레 땅 | 나 장수 막을 그 빌
장 진 기 도 | 위 지 | 오 장 색 기 궐
ㄴ장수는 ㄴ그 길을 나아가며 | ㄴ위지에서 | ㄴ나의 장수는 ㄴ빈곳을 막고

死地 | 吾將示之以不活 | 故兵
죽을 땅 | 나 장수 보일 조사 써 아닐 살 | 옛 군사
사 지 | 오 장 시 지 이 불 활 | 고 병
ㄴ사지에서 | ㄴ나의 장수는 ㄴ~하게 보이게 ㄴ살지 못하는 듯 | ㄴ그래서

之情 | 圍則御 | 不得已則鬪
조사 뜻 | 둘레 곧 막을 | 아닐 얻을 이미 곧 싸울
지 정 | 위 즉 어 | 부 득 이 즉 투
ㄴ군사 운용의 뜻은 | ㄴ둘러싸이면 막고 | ㄴ어쩔 수 없으면 ㄴ싸우고

過則從
지날 곧 좇을
과 즉 종
ㄴ지나치면 ㄴ좇는다

쟁지에서 나의 장수는 그 뒤를 좇는다. 교지에서 나의 장수는 삼가 지킨다. 구지에서는 단결을 굳게 하며, 중지에서는 그 식량을 끊기지 않게 하고, 비지에서는 그 길을 나아간다. 위지에서 나의 장수는 빈 곳을 막고, 사지에서는 살지 못하는 듯이 보이게 한다. 그래서 군사 운용의 이치는 둘러싸이면 막고, 어쩔 수 없으면 싸우고, 지나치면 따른다.

한번 더 생각해보기

원정 작전 시 상황에 따른 작전 중점을 정리해보면 이렇습니다.
산(散)지는 자국민의 전쟁의지를 높여야 합니다. 경(輕)지는 얕아서 마음이 약해질 수 있으니 그 소속감을 고취해야 합니다. 쟁(爭)지는 누구나 탐내니, 적의 약점인 보급로를 쳐야겠지요. 교(交)지는 누구나 올 수 있으니 잘 지켜야겠고요, 구(衢)지는 어디로나 갈 수 있으니 이탈하지 않게 단결을 굳게 하지요. 중(重)지는 깊이 들어가서 현지조달을 잘해야 하고요, 비(圮)지는 빨리 벗어나야 합니다. 위(圍)지는 꾀를 내어 어떻게든 살아야 하고, 사(死)지는 죽기를 각오하고 싸워야 합니다. 이 해석이 맞는다고 장담할 수 없습니다. 저의 해석일 뿐이고, 여러분은 여러분의 해석을 하기 바랍니다.

是 故 | 不 知 諸 侯 之 謀 者 | 不 能

| 옳을 | 옛 | 아닐 | 알 | 모두 | 임금 | 조사 | 꾀 | 사람 | 아닐 | 능할 |
| 시 | 고 | 부 | 지 | 제 | 후 | 지 | 모 | 자 | 불 | 능 |

ㄴ그래서 ㄴ알지 못하는 ㄴ제후의 ㄴ꾀를 ㄴ사람은 ㄴ할 수 없다

預 交 | 不 知 山 林 險 阻 沮 澤 之 形

| 미리 | 사귈 | 아닐 | 알 | 뫼 | 수풀 | 험할 | 험할 | 막을 | 못 | 조사 | 모양 |
| 예 | 교 | 부 | 지 | 산 | 림 | 험 | 조 | 저 | 택 | 지 | 형 |

ㄴ미리 교류를 ㄴ알지 못하는 ㄴ산림과 ㄴ험한 지형 ㄴ저수지와 연못의 ㄴ모양

者 | 不 能 行 軍 | 不 用 鄕 導 者

| 사람 | 아닐 | 능할 | 다닐 | 군사 | 아닐 | 쓸 | 시골 | 이끌 | 사람 |
| 자 | 불 | 능 | 행 | 군 | 불 | 용 | 향 | 도 | 자 |

ㄴ할 수 없다 ㄴ군사를 다닐 수 ㄴ쓰지 않으면 ㄴ지역 안내자

不 能 得 地 利 | 此 五 者 | 不 知 一

| 아닐 | 능할 | 얻을 | 땅 | 이로울 | 이 | 다섯 | 사람 | 아닐 | 알 | 한 |
| 불 | 능 | 득 | 지 | 리 | 차 | 오 | 자 | 부 | 지 | 일 |

ㄴ할 수 없다 ㄴ얻을 ㄴ지형의 이로움 ㄴ이 다섯 가지 ㄴ하나라도 모르면

非 霸 王 之 兵 也 | 夫 霸 王 之 兵

| 아닐 | 으뜸 | 임금 | 조사 | 군사 | 조사 | 무릇 | 으뜸 | 임금 | 조사 | 군사 |
| 비 | 패 | 왕 | 지 | 병 | 야 | 부 | 패 | 왕 | 지 | 병 |

ㄴ아니다 ㄴ패왕의 ㄴ군사가 ㄴ무릇 ㄴ패왕의 ㄴ군사는

伐 大 國 | 則 其 衆 不 得 聚 | 威 加

| 칠 | 큰 | 나라 | 곧 | 그 | 무리 | 아닐 | 얻을 | 모일 | 위엄 | 더할 |
| 벌 | 대 | 국 | 즉 | 기 | 중 | 부 | 득 | 취 | 위 | 가 |

ㄴ칠 때 ㄴ대국을 ㄴ곧 ㄴ그 무리가 ㄴ못하게 ㄴ모이지 ㄴ위엄을 더해

於 敵 | 則 其 交 不 得 合

| 조사 | 원수 | 곧 | 그 | 사귈 | 아닐 | 얻을 | 합할 |
| 어 | 적 | 즉 | 기 | 교 | 부 | 득 | 합 |

ㄴ적에게 ㄴ그래서 ㄴ그 외교가 ㄴ하지 못하게 ㄴ합하지

　그래서 제후의 모략을 모르면 예방하지 못하고, 지형의 모양을 모르면 행군을 하지 못한다. 지역 안내자를 쓰지 않으면 지형의 이로움을 얻을 수 없다. 이 다섯 가지 중 하나라도 모르면 패왕의 군사가 아니다. 무릇 패왕의 군사는 큰 나라를 칠 때, 그 무리가 모이지 못하고, 적에게 위엄을 가해서 (주변국과) 외교가 합하지 못하게 한다.

한번 더 생각해보기

지형의 분류를 말하다가 갑자기 어조가 바뀌는 부분입니다. 손자병법을 공부하다 보면, 각 편의 논리적 흐름이 갑자기 바뀌는 부분이 있습니다. 각 편의 내용이 논리적 일관성을 가지고 전개되는 것도 있고, 그렇지 않은 부분도 있습니다. 논리적 일관성이 없는 것 같았던 편도, 그것을 계속 음미해서 일관성을 찾기도 하지요. 그 해석은 사람마다 다르고, 그 사람이 가지고 있는 배경지식과 경험, 연륜에 따라서 차이가 납니다. 그래서 누누이 말씀드리지만, 여러분만의 해석을 가져도 된다고 말씀드리는 것이고요, 그러기 위해서는 원문을 직접 읽으며 뜻을 해석하는 것이 기본이 되어야 합니다.

是 故 │ 不 爭 天 下 之 交 │ 不 養 天

옳을　옛　　아닐　다툴　하늘　아래　조사　사귈　　아닐　기를　하늘
시　고　　부　쟁　천　하　지　교　　불　양　천
└그래서 예로부터　└다투지 않는다 └천하의　　　　└외교　└기르지 않는다

下 之 權 │ 信 己 之 私 │ 威 加 於 敵

아래　조사　저울추　　믿을　자기　조사　사사　　위엄　더할　조사　원수
하　지　권　　신　기　지　사　　위　가　어　적
└천하의　└권력　└자기를 믿어　　└혼자의　└위엄을 가하면　└적에게

故 其 城 可 拔 │ 其 國 可 隳 也

옛　그　성　옳을　빼앗을　　그　나라　옳을　무너뜨릴　조사
고　기　성　가　발　　기　국　가　휴　야
└그래서 └그 성을　└가히 빼앗고　└그 나라를　└가히 무너뜨린다

施 無 法 之 賞 │ 懸 無 政 之 令 │ 犯

베풀　없을　법　조사　상줄　　매달　없을　정사　조사　영　　범할
시　무　법　지　상　　현　무　정　지　령　　범
└베풀고 └법에 없는　└상을　└매달아 └정치에 없는(전례없는)　└령을　└다스림

三 軍 之 衆 │ 若 使 一 人 │ 犯 之 以

셋　군사　조사　무리　　같을　하여금　한　사람　　범할　조사　써
삼　군　지　중　　약　사　일　인　　범　지　이
└삼군의 　└무리를　└같이 한다 └한 사람　└다스림 └그것을

事 │ 勿 告 以 言 │ 犯 之 以 利 │ 勿

일　　말　알릴　써　말씀　　범할　조사　써　이로울　　말
사　　물　고　이　언　　범　지　이　리　　물
└일로써 └알리지 말고　　└말로써 └다스린다 └그것을　└이로움으로　└말고

告 以 害

알릴　써　해로울
고　이　해
└알리지　└해로움으로써

그래서 천하의 외교를 다투지 않고, 천하의 권력을 기르지 않고도 자기의 믿음을 가지고 적에게 위력을 가해서 그 성을 빼앗고 나라를 무너뜨릴 수 있는 것이다. 법에 없는 상을 내리고, 전례가 없는 정책을 시행해서 삼군의 무리를 한 사람같이 한다. 일로써 그것을 다스리고 말로써 이르지 않는다. 이로움으로써 그것을 다스리고 해로움으로 하지 않는다.

한번 더 생각해보기

리더십은 긍정적인 영향력과 부정적인 영향력이 있습니다. 긍정적인 영향력은 어떤 일을 했을 때, 칭찬과 인정을 보여주어서 동기를 부여하는 방법이고, 부정적인 영향력은 반대로 징벌과 제제를 통해서 동기를 부여하는 방법이지요. 여러분은 어떤 종류의 영향력을 주로 사용합니까? 여기에 마지막 말이 유난히 눈에 들어오는군요.
손자가 이야기하고 있는 것은 상황과 결부한 동기부여 방법입니다. 아주 강력하지요. 얼마나 강력하면 주변 외교관계나 인접 국가의 도움 없이 스스로 힘만으로 원하는 바를 달성하겠어요? 그런데 그것조차도, 말로만 하거나 해로움을 위주로 하는 부정적인 방법은 적절하지 않다고 하는 것입니다. 초년 시절부터 잘 배워야 합니다. 아니면 속담처럼, 세 살 버릇 여든까지 갑니다.

投之亡地然後存 | 陷之死地然
던질 조사 망할 땅 그러할 뒤 있을 | 빠질 조사 죽을 땅 그러할
투　지　망　지　연　후　존　｜　함　지　사　지　연
ㄴ던지고 ㄴ망하는 땅에 ㄴ그러한 후에 ㄴ있고 | ㄴ빠지고 ㄴ죽는 땅에 ㄴ그러한

後生 | 夫衆陷於害 | 然後能爲
뒤 날 | 대저 무리 빠질 조사 해로울 | 그러할 뒤 능할 할
후　생　｜　부　중　함　어　해　｜　연　후　능　위
ㄴ후에 ㄴ살고 | ㄴ대체로 ㄴ무리가 빠지고 ㄴ해로움에 | ㄴ그러한 후에 ㄴ능히

勝敗 | 故爲兵之事 | 在於順詳
이길 무너질 | 옛 할 군사 조사 일 | 있을 조사 순할 자세할
승　패　｜　고　위　병　지　사　｜　재　어　순　상
ㄴ승패를 가른다 | ㄴ그래서 ㄴ한다 ㄴ군사의 ㄴ일 | ㄴ~에 있는 듯 ㄴ순하고 자세히

敵之意 | 幷敵一向 | 千里殺將
원수 조사 뜻 | 아우를 원수 한 향할 | 일천 마을 죽일 장수
적　지　의　｜　병　적　일　향　｜　천　리　살　장
ㄴ적의 ㄴ뜻 | ㄴ적과 아울러 ㄴ한 방향으로 | ㄴ천 리에 ㄴ장수를 죽이니

是謂巧能成事 | 是故政擧之日
옳을 이를 공교할 능할 이룰 일 | 옳을 옛 정사 들 조사 날
시　위　교　능　성　사　｜　시　고　정　거　지　일
ㄴ이를 이르러 ㄴ정교하게 ㄴ능히 ㄴ일을 이룬다 | ㄴ그러므로 ㄴ정사를 일으키는 ㄴ날에는

夷關折符 | 無通其使 | 勵於廟
오랑캐 빗장 꺾을 공문 | 없을 통할 그 하여금 | 힘쓸 조사 사당
이　관　절　부　｜　무　통　기　사　｜　려　어　묘
ㄴ외부 관문을 닫고 ㄴ공문을 끊고 | ㄴ통하지 말고 ㄴ사신을 | ㄴ힘쓴다

堂之上 | 以誅其事
집 조사 윗 | 써 꾸짖을 그 일
당　지　상　｜　이　주　기　사
ㄴ묘당에서 | ㄴ살핌으로써 ㄴ그 일에 대해

망하는 땅에 던져지고 나서야 살아남고, 사지에 빠지고 나서야 살 수 있다. 대체로 무리가 해로움에 빠져야 그 후에 승패를 가른다. 그래서 군사 운용이 적의 뜻에 순순히 응하는 듯하며 적과 한 방향으로 가는 것 같다가 천 리 밖의 장수를 죽인다. 이를 이르러 정교하게 일을 성사시킨다고 한다. 그래서 정사를 일으키는 날이면 외부 빗장을 잠그고 공문을 받지 않고, 사신을 통하지 않으며 묘당에서 그 일을 검토한다.

한번 더 생각해보기

제가 보기에 아주 매력적인 문구가 중간에 나옵니다. 적의 뜻에 순순히 응하는 듯한 방향으로 가다가 순간적으로 전투력을 투사해서 천 리 밖의 적장을 죽인다고 하지요. 군사 운용에 있어서는 참으로 대단한 경지입니다. 적 입장에서는 자기 계획대로 된다고 생각하다가 허를 찔리는 난감한 상황일겁니다.
이러한 군사 운용은 적의 계책을 완전히 꿰뚫어야 가능한 것이겠지요. 그래서 아주 정교하게 작전의 진행을 제어해서 적의 계획대로 진행되는 것처럼 보이게 하는 것입니다. 말은 쉽지만, 쉽게 생각할 것이 아닙니다. 대규모 부대가 한 사람 움직이듯이 할 수 없거든요. 많은 시간과 세밀한 절차가 필요합니다. 쉽지 않은 일이지만, 손자는 군사를 그렇게 만들어야 한다고 이야기합니다.

敵	人	開	闔
원수	사람	열	문짝
적	인	개	합
ㄴ적이		ㄴ문짝을 열면	

必	亟	入	之
반드시	빠를	들	조사
필	극	입	지
ㄴ반드시	ㄴ빨리	ㄴ들어가서	

先	其	所
먼저	그	바
선	기	소
ㄴ먼저	ㄴ그 ~한 바	

愛
사랑
애
ㄴ소중한

微	與	之	期
작을	더불	조사	기약할
미	여	지	기
ㄴ작게	ㄴ~와 더불어		ㄴ기한

踐	墨	隨	敵
밟을	먹	따를	원수
천	묵	수	적
ㄴ묵을 실천하며		ㄴ적을 따르다가	

以
써
이

決	戰	事
결단할	싸울	일
결	전	사
ㄴ결단한다	ㄴ싸움의 일	

是	故	始	如	處	女
옳을	옛	처음	같을	살	여자
시	고	시	여	처	녀
ㄴ그래서		ㄴ처음에는	ㄴ같이	ㄴ처녀	

敵	人
원수	사람
적	인
ㄴ적이	

開	戶
열	외짝문
개	호
ㄴ문을 열면	

後	如	脫	兎
뒤	같을	벗을	토끼
후	여	탈	토
ㄴ후에는	ㄴ같이	ㄴ도망나온 토끼	

敵	不	及	拒
원수	아닐	미칠	막을
적	불	급	거
ㄴ적이	ㄴ못하게	ㄴ막지	

적이 문을 열면 반드시 빨리 들어가서 먼저 그 중요한 곳을 확보한다. 기한에 대해서는 숨기고, 묵(墨)을 실천하며 적을 따르다가 싸움의 일을 결단한다. 그래서 처음에는 처녀같이 하고 적이 문을 열면 그 뒤에는 도망나온 토끼같이 하여 적이 막지 못하게 한다.

한번 더 생각해보기

드디어 구지편이 끝났네요. 쉽지 않은 과정이었는데, 고생많으셨습니다. 구지편의 끝이라기 보다는, 행군, 지형, 구지편을 모두 합쳐서 끝났다고 해야겠군요. 세 편이 비슷한 부분이 있습니다. 가장 읽기 힘든 부분이기도 하고요. 대부분 시계편부터 군쟁, 구변편까지는 많이 보지요. 그리고 행군, 지형, 구지편은 건너뛰고 맨 뒤로 가서 화공, 용간 편을 보기도 합니다. 어떻게 보아도 상관없습니다만, 보기 어려운 그 부분에서도 보물같은 지혜와 교훈이 있다는 점을 인식하면 좋겠습니다.
마지막에 '묵(墨)을 실천한다'하는 말이 나오는데, 제가 보기에 개인 의견을 주장을 할 수 있을지는 몰라도, 그게 이런 뜻이 맞다고 단정 짓기는 어려울겁니다. 그냥 전체적인 문장 흐름과 맥락을 따져서 이해하고 넘어가면, 나중에 또 읽을 때 새롭게 이해할 수 있습니다.

孫子曰 用兵之法 有散地 有輕地 有爭地 有交地

有衢地 有重地 有圮地 有圍地 有死地 諸侯自戰其地者

爲散地 入人之地不深者 爲輕地 我得則利 彼得亦利者

爲爭地 我可以往 彼可以來 爲交地 諸侯之地三屬

先至而得天下衆者 爲衢地 入人之地深 背城邑多者

爲重地 山林險阻沮澤 凡難行之道者 爲圮地 所由入者隘

所從歸者迂 彼寡可以擊吾之衆者 爲圍地 疾戰則存

不疾戰則亡者 爲死地 是故散地則無戰 輕地則無止

爭地則無攻 交地則無絕 衢地則合交 重地則掠 圮地則行

圍地則謀 死地則戰 古之所謂善用兵者 能使敵人

前後不相及 衆寡不相恃 貴賤不相救 上下不相扶

卒離而不集 兵合而不齊 合於利而動 不合於利而止

敢問敵衆整而將來 待之若何 曰 先奪其所愛則聽矣

兵之情主速 乘人之不及 由不虞之道 攻其所不戒也

凡爲客之道 深入則專 主人不克 掠於饒野 三軍足食

謹養而勿勞 併氣積力

筆　記 ①

運兵計謀 爲不可測 投之無所往 死且不北 死焉不得

士人盡力 兵士甚陷則不懼 無所往則固 深入則拘

不得已則鬪 是故其兵不修而戒 不求而得 不約而親

不令而信 禁祥去疑 至死無所之 吾士無餘財 非惡貨也

無餘命 非惡壽也 令發之日 士卒坐者涕霑襟

偃臥者涕交頤 投之無所往 則諸劌之勇也 故善用兵者

譬如率然 率然者 常山之蛇也 擊其首則尾至

擊其尾則首至 擊其中則首尾俱至 敢問 兵可使如率然乎

曰可 夫吳人與越人相惡也 當其同舟而濟遇風

其相救也如左右手 是故方馬埋輪 未足恃也

齊勇若一 政之道也 剛柔皆得 地之理也 故善用兵者

携手若使一人 不得已也 將軍之事 靜以幽 正以治

能愚士卒之耳目 使之無知 易其事 革其謀 使人無識

易其居 迂其途 使人不得慮 帥與之期 如登高而去其梯

帥與之深入諸侯之地 而發其機 若驅群羊 驅而往 驅而來

莫知所之 聚三軍之衆 投之於險 此將軍之事也 九地之變

屈伸之利 人情之理 不可不察也

孫子兵法 九地篇 第十一 挑戰! ③

凡爲客之道 深則專 淺則散 去國越境而師者 絶地也

四達者 衢地也 入深者 重地也 入淺者 輕地也 背固前隘者

圍地也 無所往者 死地也 是故散地吾將一其志

輕地吾將使之屬 爭地吾將趨其後 交地吾將謹其守

衢地吾將固其結 重地吾將繼其食 圮地吾將進其途

圍地吾將塞其闕 死地吾將示之以不活 故兵之情 圍則御

不得已則鬪 過則從 是故 不知諸侯之謀者 不能預交

不知山林險阻沮澤之形者 不能行軍 不用鄉導者

不能得地利 此五者 不知一 非霸王之兵也 夫霸王之兵

伐大國 則其衆不得聚 威加於敵 則其交不得合 是故

不爭天下之交 不養天下之權 信己之私 威加於敵

故其城可拔 其國可隳也 施無法之賞 懸無政之令

犯三軍之衆 若使一人 犯之以事 勿告以言 犯之以利

勿告以害 投之亡地然後存 陷之死地然後生 夫衆陷於害

然後能爲勝敗 故爲兵之事 在於順詳敵之意 幷敵一向

千里殺將 是謂巧能成事 是故政擧之日 夷關折符

無通其使 勵於廟堂之上 以誅其事 敵人開闔 必亟入之

先其所愛 微與之期 踐墨隨敵 以決戰事 是故始如處女

敵人開戶 後如脫兔 敵不及拒

筆　記 ③

화공편火攻篇 소개

화공편에서는 불을 이용한 전술을 언급합니다. 화공의 종류와 다섯 가지 상황에 따른 대처법을 소개합니다.

화공이 현대전 양상이나 교리에 반영되어 있지는 않습니다. 그리고 미래 전쟁에서 그것이 포함될 가능성은 매우 낮습니다. 그러나 재래식 화기의 근본은 화약(火藥)과 관련되어 있어서, 전장에서 우리는 불과 연관된 상황에 직면할 수 있다는 점을 고려해야 합니다. 그런 측면에서 화공을 한번 생각해보면 좋겠습니다.

뒷부분에는 전쟁에 관한 일반적인 이야기로 다시 돌아가는데요, 공과를 잘 따져서 다스려야 한다는 것과 감정적으로 전쟁을 해서는 안 된다는 점을 강조합니다. 전통적인 국가 안보를 지키는 군의 리더들은 냉철한 판단력과 이성을 바탕으로 최적의 결정을 할 수 있는 능력을 구비해야 한다는 교훈을 얻을 수 있습니다.

12

화공
火攻

孫　子　曰
자손　아들　말할
손　　자　　왈
└손자가 말하기를

凡　火　攻　有　五
무릇　불　칠　있을　다섯
범　　화　　공　　유　　오
└무릇　└화공은　└다섯 가지가 있다

一
한
일
└일은

曰　火　人
말할　불　사람
왈　　화　　인
└사람을 태우는 것

二　曰　火　積
두　말할　불　쌓을
이　　왈　　화　　적
└이는　　└쌓아놓은 것을 태우는 것

三　曰
셋　말할
삼　　왈
└삼은

火　輜
불　짐수레
화　　치
└보급수레를 태우는 것

四　曰　火　庫
넷　말할　불　곳간
사　　왈　　화　　고
└사는　　└곳간을 태우는 것

五　曰　火　隊
다섯　말할　불　부대
오　　왈　　화　　대
└오는　　└부대를 태우는 것

行　火　必　有　因
행할　불　반드시　있을　인할
행　　화　　필　　유　　인
└불을 행하는데　└반드시　└원인이 있다

煙　火　必　素　具
연기　불　반드시　본디　갖출
연　　화　　필　　소　　구
└불을 내는데　└반드시　└본디 도구가 있다

發　火　有　時
쏠　불　있을　때
발　　화　　유　　시
└불을 쏘는데　└때가 있고

起　火　有　日
일어날　불　있을　날
기　　화　　유　　일
└불이 일어나는데　└날이 있다

時　者
때　사람
시　　자
└때는

天　之　燥　也
하늘　조사　마를　조사
천　　지　　조　　야
└하늘이　└마른 것이다

日　者
날　사람
일　　자
└날은

月　在
달　있을
월　　재
└달이 ~에 있을 때이다

箕　壁　翼　軫　也
별이름　별이름　별이름　별이름　조사
기　　벽　　익　　진　　야
└기, 벽, 익, 진에
* 28개 별자리 분류 중 네 가지임

손자가 말하기를, 무릇 화공은 다섯 종류가 있다. 일은 사람을 태우는 것이고, 이는 보급품을 태우는 것, 삼은 보급 수레를 태우는 것, 사는 창고를 태우는 것, 오는 부대를 태우는 것이다. 화공을 행함은 반드시 이유가 있고 불을 내는 것도 평소 도구가 있어야 한다. 불을 내는데도 때가 있고 불이 일어나는 날이 있다. 때는 하늘이 마를 때이고, 날은 달이 기, 벽, 익, 진에 있는 날이다.

한번 더 생각해보기

우리가 어떤 것을 할 때, 거치게 되는 절차와 틀이 있습니다. 생각대로 막 하는 것이 아니고요. 요리를 하는 것도 절차를 잘 지켜야 맛있는 요리가 나오는 것처럼. 그 절차를 지키는 것은 어떤 일의 완성도를 높여주지요. 부대 지휘를 하는 절차, 계획수립을 하는 절차 등 모든 것이 그렇습니다. 여기에서는 화공을 하는 것도 그냥 막 하는 것이 아니고, 절차를 잘 지켜서 해야 한다고 이야기합니다.

물론 절차를 생략하고 직관적으로 하는 일도 있습니다. 그러나 절차를 잘 알고 평소에 갈고 닦은 다음에야 그것을 생략하더라도 제대로 된 산물이 나오지요. 정(正)이 바탕이 되어야 기(奇)가 발휘되더라도 그 힘을 발휘할 수 있을 겁니다. 배움의 단계에 있는 분들은 정(正)을 연마하는데 주력하고, 충분히 수련이 쌓인 후 기(奇)를 발휘하시는 것이 좋을 것 같네요.

凡 此 四 宿 者
무릇 이 넷 별자리 사람
범 차 사 수 자
└무릇 └이 네 가지 └별자리가

風 起 之 日 也
바람 일어날 조사 날 조사
풍 기 지 일 야
└바람이 일어나는 └날이다

凡 火 攻
무릇 불 칠
범 화 공
└무릇 화공은

必 因 五 火 之 變 而
반드시 인할 다섯 불 조사 변할 접속사
필 인 오 화 지 변 이
└반드시 └인하여 └다섯가지 └불의 └변화로

應 之
응할 조사
응 지
└응한다

火 發 於 内
불 쏠 조사 안
화 발 어 내
└불이 시작되면 └안에서

則 早 應
곧 이를 응할
즉 조 응
└곧 └빨리 대응

之 於 外
조사 조사 밖
지 어 외
└그것에 └밖에서

火 發 而 其 兵 靜 者
불 쏠 접속사 그 군사 고요할 사람
화 발 이 기 병 정 자
└불이 났는데 └그 군사가 └고요하면

待 而 勿 攻
기다릴 접속사 말 칠
대 이 물 공
└기다리고 └공격하지 마라

極 其 火 力
다할 그 불 힘
극 기 화 력
└다하여 └그 화력이

可
옳을
가
└옳으면

從 而 從 之
좇을 접속사 좇을 조사
종 이 종 지
└좇아감이 └좇고 └그것을

不 可 從 而 止
아닐 옳을 좇을 접속사 그칠
불 가 종 이 지
└옳지 않으면 └좇음이 └멈춰라

무릇 이 네 가지(기, 벽, 익, 진)가 바람이 일어나는 날이다. 무릇 화공은 반드시 다섯 가지 불의 변화를 따져 대응해야 한다. 불이 안에서 시작되면, 밖에서는 빨리 그것에 대응한다. 불이 났는데 그 군사가 고요하면 공격하지 말고 기다려라. 그 화력이 다하여 쫓을 수 있거든 쫓고, 쫓을 수 없으면 멈춰라.

한번 더 생각해보기

화공을 할 때 생기는 다섯 가지 경우를 설명합니다. 실제 화공을 행한 사례나 화공에 대한 전술교리는 없습니다. 여기 나오는 다섯 가지 변화도 체감하기는 어렵지요. 그러나 저는 이런 점을 얻을 수 있다고 생각합니다. 불이라는 것은 불가항력의 자연 현상인데, 그것을 공격에 쓰는 것이잖아요? 인위적인 판단과 의지로 할 수 있는 것이 있고, 할 수 없는 것이 있다는 겁니다. 순응할 부분이 있다는거지요.
예를 들어 쫓을 수 있으면 쫓고 그렇지 못하면 그치라고 하잖아요? 무작정 끝까지 쫓아서 최후의 일인까지 죽이는 것은 아니라는 것입니다. 다른 것들도 마찬가지로, 상황에 무리하게 대응하지 말라고 합니다. 안에서 불이 나면 밖에서 빨리 대응하는데, 만약 그 군사가 고요하면 공격하지 말라는 거에요. 무언가 술책이 있다는 것이지요. 모든 것을 잘 따지지 않고 섣불리 공격하는 것은 적의 술책에 말리는 것입니다. 그래서 구변편의 이야기처럼, 전술가의 머릿속에는 많은 이해(利害)가 담기게 됩니다.

火 可 發 於 外 ｜ 無 待 於 內

불	옳을	쏠	조사	밖		없을	기다릴	조사	안
화	가	발	어	외		무	대	어	내

ㄴ불이 　ㄴ가히 　ㄴ시작하다 　ㄴ밖에서 　ㄴ기다리지 마라 　ㄴ안에서

以 時 發 之 ｜ 火 發 上 風 ｜ 無

써	때	쏠	조사		불	쏠	윗	바람		없을
이	시	발	지		화	발	상	풍		무

ㄴ이때로써 　ㄴ시작한다 　ㄴ불은 시작하라 　ㄴ윗 바람 　ㄴ마라

攻 下 風 ｜ 晝 風 久 ｜ 夜 風 止

칠	아래	바람		낮	바람	오랠		밤	바람	그칠
공	하	풍		주	풍	구		야	풍	지

ㄴ공격하지 　ㄴ아랫 바람 　ㄴ낮 바람은 　ㄴ오래가고 　ㄴ밤 바람은 　ㄴ그친다

凡 軍 必 知 有 五 火 之 變 ｜ 以

무릇	군사	반드시	알	있을	다섯	불	조사	변할		써
범	군	필	지	유	오	화	지	변		이

ㄴ무릇 군사는 　ㄴ반드시 알아야 　ㄴ있음을 　ㄴ다섯 가지 불의 변화 　ㄴ으로써

數 守 之

셀	지킬	조사
수	수	지

ㄴ헤아림 　ㄴ지킨다

해석

불이 밖에서 시작할 수 있으면 안에서 기다리지 말고 바로 화공을 시작한다. 화공은 윗바람에 시작하고, 아랫바람에는 하지 않는다. 낮에 부는 바람은 지속되고 밤에 부는 바람은 그친다. 군은 반드시 다섯 가지 불의 변화가 있음을 알고, 헤아려서 기다려야 한다.

한번 더 생각해보기

윗바람이 무엇인지, 아랫바람이 무엇인지 정확히 알 길은 없습니다. 상식적으로 추정해보면 적 방향으로 부는 바람과 아군 방향으로 부는 바람을 의미하지요. 밤보다 낮에 바람이 많이 부는 것도 통상적으로나 과학적으로 그렇습니다.

어떤 사람들은 화공은 옛날 방식이라고 생각할 수 있습니다. 그런데 전쟁에 사용되는 화기들은 불과 밀접한 관련이 있지요. 그래서 어떤 경우라도 불이 나는 상황이 될 수 있습니다. 현대의 전쟁을 준비하는 우리는 불을 이용할 수도 있고, 불에 대처할 수도 있어야 한다고 저는 생각합니다.

특히 우리나라의 산림 환경이 수십 년을 자란 수목으로 구성되어 있어서 화재가 발생하면 전투 수행에 큰 영향을 미칩니다. 특히 기온이 낮은 계절은 대기가 매우 건조하지요. 현재 교리에는 불에 관한 내용이 없지만, 전장에서는 매우 중요한 변수가 될 수 있습니다.

故 以 火 佐 攻 者 明 | 以 水 佐

故	以	火	佐	攻	者	明	以	水	佐
옛	써	불	도울	칠	사람	밝을	써	물	도울
고	이	화	좌	공	자	명	이	수	좌

ㄴ예로부터 ㄴ불로써 ㄴ공격을 돕는자는 ㄴ명석해야 하고 ㄴ물로써 ㄴ돕는

攻 者 强 | 水 可 以 絶 | 不 可

攻	者	强	水	可	以	絶	不	可
칠	사람	굳셀	물	옳을	써	끊을	아닐	옳을
공	자	강	수	가	이	절	불	가

ㄴ공격을 하는 자 ㄴ강하다 ㄴ물은 가히 ㄴ끊을 수 있다 ㄴ할 수 없다

以 奪 | 夫 戰 勝 攻 取 | 而 不

以	奪	夫	戰	勝	攻	取	而	不
써	빼앗을	대저	싸울	이길	칠	취할	접속사	아닐
이	탈	부	전	승	공	취	이	불

ㄴ빼앗을 수 ㄴ대체로 전투에서 이기고 ㄴ공을 취하는데 ㄴ그러나

修 其 功 者 凶 | 命 曰 費 留

修	其	功	者	凶	命	曰	費	留
닦을	그	공	사람	흉할	목숨	말할	쓸	머무를
수	기	공	자	흉	명	왈	비	류

ㄴ닦지 않는자 ㄴ그 공을 ㄴ흉하다 ㄴ이르러 말하기를 ㄴ머물면서 비용만 축냄

이름 명(名)의미

故 曰 | 明 主 慮 之 | 良 將 修 之

故	曰	明	主	慮	之	良	將	修	之
옛	말할	밝을	주인	생각할	조사	좋을	장수	닦을	조사
고	왈	명	주	려	지	양	장	수	지

ㄴ그래서 말하기를 ㄴ명석한 임금은 ㄴ그것을 생각하고 ㄴ좋은 장수는 ㄴ그것을 닦는다

非 利 不 動 | 非 得 不 用 | 非

非	利	不	動	非	得	不	用	非
아닐	이로울	아닐	움직일	아닐	얻을	아닐	쓸	아닐
비	리	부	동	비	득	불	용	비

ㄴ이익이 아니면 ㄴ움직이지 말고 ㄴ얻는 것이 아니면 ㄴ쓰지 마라

危 不 戰

危	不	戰
위태할	아닐	싸울
위	부	전

ㄴ위태로움이 아니면 ㄴ싸우지 마라

예로부터 불로 공격을 돕는 자는 명석하고(또는 해야 하고) 물로 공격을 돕는 자는 강하다. (또는 강해야 한다) 물은 끊을 수 있으나 빼앗을 수는 없다. 대체로 전투에서 이기고 그 공을 취하는데, 그 공을 기리지 않는 자는 흉하다. 이를 이르러 비류 (費留. 머물기만 하고 비용을 축냄)라고 한다. 그래서 명철한 군주는 그것을 생각하고, 좋은 장수는 그것을 기린다. 이익이 아니면 움직이지 말고, 얻는 것이 없으면 쓰지 말고, 위태롭지 않으면 싸우지 말아야 한다.

한번 더 생각해보기

시계편에 오사와 칠계가 나왔었지요. 칠계 중에 상벌숙명(賞罰孰明)이 있었습니다. 그 내용과 일맥상통하는 말이 나오네요. 전쟁 중에 전투하면서 공과를 따지는 것이 일상입니다. 그것을 명확하게 잘해야 합니다. 그것을 신경 쓰지 않고 방치하는 군주나 장수는 비류(費留) 라고 하면서 무척 낮은 평가를 하고 있네요.
공을 세운 것을 엄정하게 가려서 칭찬해주면 긍정적인 동기부여가 강화됩니다. 그 반대로 벌을 주면 부정적인 동기부여가 강화되지요.
별것도 아닌 것에는 상을 주고, 꼭 필요한 사람에게 상을 주지 않았다고 생각해보세요. 그것을 보는 사람들은 리더를 신뢰하지 않을 겁니다. 벌도 마찬가지이고요. 그러니 조직의 기강이 바로 서지 않고, 분위기가 와해되는 시작점이 되지요. 그런 이유로 칠계 중에 상벌숙명이 포함된다고 저는 생각합니다.

主 不 可 以 怒 而 興 師 ┃ 將 不
주인 아닐 옳을 써 성낼 접속사 일으킬 군사 　 장수 아닐
주 불 가 이 노 이 흥 사 　 장 불
└임금이 └하지 말아야 └성냄으로써 └군사를 일으키는 것 └장수가

可 以 慍 而 致 戰 ┃ 合 於 利 而 動
옳을 써 성낼 접속사 이를 싸울 　 합할 조사 이로울 접속사 움직일
가 이 온 이 치 전 　 합 어 리 이 동
└말아야 └성냄으로써 └싸움을 하는 것을 └합하면 └이로움에 └움직이고

不 合 於 利 而 止 ┃ 怒 可 以 復 喜
아닐 합할 조사 이로울 접속사 그칠 　 성낼 옳을 써 다시 기쁠
불 합 어 리 이 지 　 노 가 이 부 희
└합하지 않으면 └이로움에 └그친다 └성냄은 └가히 └다시 기뻐지고

慍 可 以 復 悅 ┃ 亡 國 不 可 以 復
성낼 옳을 써 다시 기쁠 　 망할 나라 아닐 옳을 써 다시
온 가 이 부 열 　 망 국 불 가 이 부
└성냄은 └가히 └다시 기뻐진다 └망한 나라는 └할 수 없다 └다시

存 ┃ 死 者 不 可 以 復 生
있을 　 죽을 사람 아닐 옳을 써 다시 날
존 　 사 자 불 가 이 부 생
└존재할 수 └죽은 자는 └할 수 없다 └다시 살아날 수

故 明 君 愼 之 ┃ 良 將 警 之
옛 밝을 임금 삼갈 조사 　 좋을 장수 경계할 조사
고 명 군 신 지 　 양 장 경 지
└그래서 명석한 임금은 └그것을 삼가고 └좋은 장수는 └그것을 경계한다

此 安 國 全 軍 之 道 也
이 편안할 나라 온전할 군사 조사 길 조사
차 안 국 전 군 지 도 야
└이것이 └나라를 편안히 └군을 온전하게 └하는 길이다

임금이 감정적으로 군사를 일으키지 말아야 하며, 장수도 감정에 치우쳐 싸움하지 말아야 한다. 이로움에 합하면 움직이고, 합하지 않으면 그쳐야 한다. 성낸 감정은 다시 기뻐질 수 있고, 화낸 감정은 다시 기뻐질 수 있다. 그러나 망한 나라는 다시 존재할 수 없고, 죽은 자도 다시 살 수 없다. 그래서 명석한 군주는 그것을 삼가고, 좋은 장수는 그것을 경계한다. 이것이 나라를 평안하게 하고 군을 온전하게 하는 길이다.

한번 더 생각해보기

화공편의 마지막인데, 화공에 관한 이야기보다는 일반적인 이야기로 마무리를 짓습니다. 감정에 치우쳐 군사를 일으키는 것에 대해 경계하는 내용을 비중 있게 다루고 있지요. 여기에서는 전쟁을 들어 이야기했습니다만, 다른 모든 일도 마찬가지입니다. 감정적으로 일을 처리해서 될 수 있는 것이 별로 없지요.
우리가 살면서 평지풍파를 일으키는 것은 여러 가지가 있지만, 전형적인 것 몇 가지는 다음과 같은 것들이 있습니다. 말로 인해 말썽을 빚는 것, 감정적인 판단으로 인한 것, 나의 이익만을 추구하기 위한 것 등등이지요. 군의 리더들은 이런 것을 줄여야 합니다. 여기에서 언급한 것처럼, 군사를 일으키고 전쟁을 하는 집단이기 때문이지요. 망한 나라는 다시 존재하지 않고, 죽은 사람은 다시 살아오지 않기 때문입니다.

孫子兵法 火攻篇 第十二 挑戰!

孫子曰 凡火攻有五 一曰火人 二曰火積 三曰火輜

四曰火庫 五曰火隊 行火必有因 煙火必素具 發火有時

起火有日 時者 天之燥也 日者 月在箕壁翼軫也

凡此四宿者 風起之日也 凡火攻 必因五火之變而應之

火發於內 則早應之於外 火發而其兵靜者 待而勿攻

極其火力 可從而從之 不可從而止 火可發於外

無待於內 以時發之 火發上風 無攻下風 晝風久 夜風止

凡軍必知有五火之變 以數守之 故以火佐攻者明

以水佐攻者強 水可以絕 不可以奪 夫戰勝攻取

而不修其功者凶 命曰費留 故曰 明主慮之 良將修之

非利不動 非得不用 非危不戰 主不可以怒而興師

將不可以慍而致戰 合於利而動 不合於利而止

怒可以復喜 慍可以復悅 亡國不可以復存

死者不可以復生 故明君慎之 良將警之 此安國全軍之道也

筆　記

용간편用間篇 소개

열세 번째, 마지막 용간편입니다. 첩자를 운용하는 것에 대해 이야기합니다. 간(間)은 사이를 뜻하는 말인데, 첩자를 의미하지요. 첫 부분은 서론으로 첩자의 중요성을 이야기하며 재정 조금 아끼다가 정보 측면의 준비가 부실한 것을 손자가 심한 어조로 질타합니다. 앞에 나온 비류(費留)보다 더합니다. 한번 보세요.

그 다음 첩자의 종류를 소개하고, 그 운용에 대해 체계적으로 정리하여 서술하였습니다. 2,500년 전에 기록된 것이라면 참으로 짜임새 있고 대단한 일이라 하겠습니다.

마지막 편까지 원문을 완독한 후에는 독음을 소리 내서 반복해서 읽고 익숙하게 되기를 바랍니다. 그러면 평소 생활에서부터 필요한 때, 손자병법 문구가 머릿속에 저절로 떠오르는 경험을 하게 될 것입니다.

13

용간
用間

孫 子 曰
자손 아들 말할
손 자 왈
ㄴ손자가 말하기를

凡 興 師 十 萬
무릇 일으킬 군사 열 일만
범 흥 사 십 만
ㄴ무릇 ㄴ일으켜 ㄴ십 만 군사

出
날
출
ㄴ출동

征 千 里
칠 일천 마을
정 천 리
ㄴ정벌 ㄴ천리에 걸쳐

百 姓 之 費
일백 성 조사 쓸
백 성 지 비
ㄴ백성의 ㄴ비용

公 家
공적 집
공 가
ㄴ관가의

之 奉
조사 받들
지 봉
ㄴ비용

日 費 千 金
날 쓸 일천 쇠
일 비 천 금
ㄴ하루에 ㄴ쓴다 ㄴ천 금을

內 外 騷 動
안 밖 떠들 움직일
내 외 소 동
ㄴ안팎으로 ㄴ떠들썩하고

怠 於 道 路
게으름 조사 길 길
태 어 도 로
ㄴ늘어선 모습 ㄴ도로에

不 得 操 事 者
아닐 얻을 잡을 일 사람
부 득 조 사 자
ㄴ할 수 없다 ㄴ종사 ㄴ일에

七 十 萬 家
일곱 열 일만 집
칠 십 만 가
ㄴ70만 ㄴ집이

相 守 數 年
서로 지킬 셀 해
상 수 수 년
ㄴ서로 지키다가 ㄴ수 년을

以
써
이

爭 一 日 之 勝
다툴 한 날 조사 이길
쟁 일 일 지 승
ㄴ다투는데 ㄴ하루의 ㄴ승리를

而 愛 爵 祿 百 金
접속사 사랑 벼슬 녹봉 일백 쇠
이 애 작 록 백 금
ㄴ아끼다 ㄴ벼슬의 봉급 ㄴ백 금

不 知 敵 之 情 者
아닐 알 원수 조사 뜻 사람
부 지 적 지 정 자
ㄴ모른다 ㄴ적의 ㄴ정세를

不 仁 之 至 也
아닐 어질 조사 이를 조사
불 인 지 지 야
ㄴ어질지 못함의 ㄴ극치

손자가 말하기를 무릇 십만 군사를 일으켜 천 리를 출정하면 백성의 비용과 관공서 비용이 일일 천금이 들고, 안팎으로 떠들썩하고 도로에 늘어서서, 자기 일에 종사하지 못하는 사람이 70만 가구가 된다. 수 년 동안 서로 대치하고 있다가 하루의 승리를 겨루는데, 그 벼슬의 녹봉 백 금을 아낀다고 적의 정세를 모르는 것은 어질지 못함의 극치이다.

한번 더 생각해보기

첫머리부터 첩자의 중요성을 이야기하고 있습니다. 당시 전쟁을 준비하는 양상과 재정 구조를 알 수 있는 내용이 있지요. 원정군을 꾸리는데 백성들에게도 많은 부담이 있었던 듯합니다. 총비용이 천금이라 하는데요, 얼마나 되는지 가늠할 길은 없습니다.

후반부에는 이런 이야기가 나오지요. 몇 년을 준비해서 전쟁하는데, 일일 전쟁비용인 천금보다 상대적으로 아주 적은, 첩자를 운용하는 비용을 아낀다고 그것을 안 해서 적의 정세를 모르고 공격하는 것은 매우 어리석은 처사라는 것입니다. 다음 페이지까지 해서 아주 매섭게 질타합니다.

한정된 자원과 전투력을 운용하는데 중요도와 상황에 따라 우선순위와 경중완급을 조절하지 못하는 사람은 훌륭한 조직관리자가 될 수 없습니다. 손자도 그것을 적나라하게 야단치는 겁니다.

非 人 之 將 也
아닐 사람 조사 장수 조사
비 인 지 장 야
└아니다 └사람의 └장수가

非 主 之 佐 也
아닐 주인 조사 도울 조사
비 주 지 좌 야
└아니다 └임금을 └보좌하는

非 勝 之 主 也
아닐 이길 조사 주인 조사
비 승 지 주 야
└아니다 └이기는 └임금

故 明 君 賢 將
옛 밝을 임금 어질 장수
고 명 군 현 장
└그래서 └명석한 임금과 └현명한 장수

所 以 動 而 勝 人
바 써 움직일 접속사 이길 사람
소 이 동 이 승 인
└하는 바 └움직여서 └타인을 이기는

成 功 出 於
이룰 공 날 조사
성 공 출 어
└공을 이룬다 └출정해서

衆 者
무리 사람
중 자
└다른 무리에게

先 知 也
먼저 알 조사
선 지 야
└먼저 알기 때문이다

先 知 者
먼저 알 사람
선 지 자
└먼저 아는 것은

不 可 取 於 鬼 神
아닐 옳을 취할 조사 귀신 귀신
불 가 취 어 귀 신
└할 수 없다 └취할 수 └귀신에게

不 可 象 於
아닐 옳을 모양 조사
불 가 상 어
└할 수 없다 └모양을 알 수

事
일
사
└일의

不 可 驗 於 度
아닐 옳을 증거 조사 법도
불 가 험 어 도
└할 수 없다 └실험할 └제도에서

必 取 於 人
반드시 취할 조사 사람
필 취 어 인
└반드시 └취한다 └사람에게

知 敵 之 情 者 也
알 원수 조사 뜻 사람 조사
지 적 지 정 자 야
└안다 └적의 └정세를

해석

부하들의 리더가 아니며, 임금을 보좌하는 도리도 아니다. 이기는 임금도 될 수 없다. 그래서 명석한 임금과 현명한 장수가 군사를 움직여 타인을 이기는바, 다른 무리를 출정하여 공을 성사시키는 것은 먼저 알기 때문이다. 먼저 아는 것은 귀신에게서 얻을 수 없으며, (점을 쳐서) 일의 모양을 알 수 없다. 어떤 제도에서 실험할 수도 없으며, 반드시 사람에게 취하여 적의 정세를 알아낸다.

한번 더 생각해보기

정보 자산과 매스컴이 발달하지 않았던 당시에는 정보수집을 주로 인적 자원에 의존했습니다. 정확한 정보 판단을 하지 않고 전투하는 것은 아주 무모한 짓입니다. 작전 계획을 수립하는 절차가 있는데요, 정보 판단이 없으면 그 계획수립 절차가 진행되지 않아요. 절차를 무시하고 억지로 계획을 수립하더라도, 그 계획은 실현 가능성이 매우 낮은 계획이 됩니다. 그것을 모르던 초급 간부 시절에는 지형만 보고도 방어진지를 다 편성할 수 있다고 생각했었지요. 지금 생각하면 참으로 치기 어린 생각이었는데요. 이 글을 보는 여러분들은 그러시지 않기를 바랍니다. 어떤 방어진지라도 세부적인 적의 공격 양상을 전제로 하고 아군 방어계획을 수립한 뒤, 그 필요에 따라 진지가 만들어지는 것이거든요. 그래서 군인들이 현장에서 항상 토의하는 것이 '적 공격 양상에 대비해서 어떻게 전투할 것인가?'입니다. 적을 모르고, 적이 없이 토의하거나 훈련하는 것은 아무 의미가 없는 일입니다.

故 用 間 有 五
옛 쓸 사이 있을 다섯
고 용 간 유 오
ㄴ그래서 ㄴ첩자를 이용 ㄴ다섯 가지가 있다

有 鄕 間
있을 시골 사이
유 향 간
ㄴ있다 ㄴ향간

有
있을
유
ㄴ있다

內 間
안 사이
내 간
ㄴ내간

有 反 間
있을 되돌릴 사이
유 반 간
ㄴ있다 ㄴ반간

有 死 間
있을 죽을 사이
유 사 간
ㄴ있다 ㄴ사간

有 生 間
있을 날 사이
유 생 간
ㄴ있다 ㄴ생간

五 間 俱 起
다섯 사이 함께 일어날
오 간 구 기
ㄴ다섯 첩자가 ㄴ함께 일어나면

莫 知
없을 알
막 지
ㄴ알지 못한다

其 道
그 길
기 도
ㄴ그 길을

是 謂 神 紀
옳을 이를 귀신 실마리
시 위 신 기
ㄴ이를 이르러 ㄴ신기라고 한다

人 君 之
사람 임금 조사
인 군 지
ㄴ사람과 임금의

寶 也
보배 조사
보 야
ㄴ보배이다

鄕 間 者
시골 사이 사람
향 간 자
ㄴ향간은

因 其 鄕 人
인할 그 시골 사람
인 기 향 인
ㄴ인하여 ㄴ그 지역 사람

而 用 之
접속사 쓸 조사
이 용 지
ㄴ이용하고

內 間 者
안 사이 사람
내 간 자
ㄴ내간은

因 其 官
인할 그 벼슬
인 기 관
ㄴ인하여 ㄴ그 관공서

人 而 用 之
사람 접속사 쓸 조사
인 이 용 지
ㄴ사람 ㄴ이용한다

첩자를 이용하는 것은 다섯 가지가 있다. 향간, 내간, 반간, 사간, 생간이다. 다섯 첩자가 함께 일어나면 누구도 그것을 알지 못하니 신기한 경지이며, 백성과 군주의 보배이다. 향간은 지역 사람을 획득하여 이용하는 것이고, 내간은 적국의 관리를 획득하여 이용한다.

한번 더 생각해보기

첩자의 다섯 가지 분류를 소개하고 있습니다. 이 내용이 그대로 현대 교리에 적용된다고 보기는 어렵습니다. 실제 그렇게 적용이 되고 있다고 해도, 첩자의 일은 매우 비밀스럽게 진행되기 때문에 일반 군인들도 알 수 없지요.

손자병법이 현대 교리에 영향을 주는 영역은 원리(原理)와 원칙(原則) 수준입니다. 세부적인 전투기술이나 각론 수준이 아니고요, 군사사상과 군사이론에 해당하는 부분이지요. 그래서 이 다섯 가지 첩자의 분류가 그대로 현대 교리에 적용된다기보다, 첩자를 운용해서 적국의 정세를 미리 알아야 한다는 근원적인 이치를 깨닫게 해준다는 것입니다.

또한 손자병법도 행간의 의미를 읽을 수 있는 수준이 되면, 전술 교리를 읽거나 공부할 때도 훨씬 더 폭넓게 이해할 수 있습니다. 더 나아가서는 삶을 살아가는 것에도 도움을 받습니다. 그래서 군인들이 손자병법을 공부하는 것 아니겠습니까?

反 間 者 │ 因 其 敵 間 而 用 之
되돌릴 사이 사람 　 인할 그 원수 사이 접속사 쓸 조사
반 간 자 　 인 기 적 간 이 용 지
└반간은 　 └인하여 └그 적의 첩자 　 └쓰는 것이다

死 間 者 │ 爲 誑 事 於 外 │ 令
죽을 사이 사람 　 할 속일 일 조사 밖 　 영
사 간 자 　 위 광 사 어 외 　 영
└사간은 　 └해서 └일을 속이는 └밖에 　 └하게하다

吾 間 知 之 │ 而 傳 於 敵 間 也
나 사이 알 조사 　 접속사 전할 조사 원수 사이 조사
오 간 지 지 　 이 전 어 적 간 야
└나의 첩자가 └그것을 알도록 　 └그래서 └전하도록 └적의 첩자에게

生 間 者 │ 反 報 也 │ 故 三 軍
날 사이 사람 　 되돌릴 알릴 조사 　 옛 셋 군사
생 간 자 　 반 보 야 　 고 삼 군
└생간은 　 └돌아와서 보고하는 것 　 └그래서 └삼군의

之 事 │ 莫 親 於 間 │ 賞 莫 厚
조사 일 　 없을 친할 조사 사이 　 상줄 없을 두터울
지 사 　 막 친 어 간 　 상 막 후
└일이 　 └없다 └친한 것이 └첩자의 일처럼 　 └상을 주는 └없다 └두텁게

於 間 │ 事 莫 密 於 間 │ 非 聖
조사 사이 　 일 없을 비밀 조사 사이 　 아닐 성스러울
어 간 　 사 막 밀 어 간 　 비 성
└첩자의 일같이 　 └일이 └비밀스러운게 없다 └첩자처럼 　 └아니면 └성스럽고

智 不 能 用 間
지혜 아닐 능할 쓸 사이
지 불 능 용 간
└지혜롭지 └할 수 없다 └첩자를 쓸 수

해석

반간은 적 첩자를 획득하여 그것을 이용하는 것이다. 사간은 일을 외부에 속이는 것이다. 나의 첩자가 알게 해서 그것을 적 첩자에게 전해지게 한다. 생간은 돌아와서 보고하는 것이다. 그래서 군사의 일이 첩자보다 친한 것이 없고, 상을 후하게 주는 것이 없고, 비밀리에 진행되는 일이 없다. 성스러움과 지혜가 없으면 첩자를 운용하지 못한다.

한번 더 생각해보기

리더는 사람을 다루는 능력이 있어야 합니다. 그 능력은 특별한 능력이 아니고, 인의를 바탕으로 고민하고 노력해서 그 사람과 관계를 잘 유지하는 것이지요. 이 글의 맨 마지막에 성스러움과 지혜에 대해서 언급하고 있고요, 다음 장에 인의를 이야기합니다. 그리고 미묘하지 않으면 첩자의 실(實, 열매)을 얻을 수 없다고 하지요.
사람의 마음을 얻어서 움직이게 하는 것이 중요합니다. 다른 모든 것에서 그렇습니다만, 첩자를 운용하는 경우 더더욱 그렇습니다. 그래서 신뢰가 가지 않거나 인간관계의 성의가 없으면 마음이 틀어지고, 임무를 수행하다가 탈선하게 됩니다. 정보요원의 임무 수행 특성상 사람의 마음을 관리하는 것이 더욱 중요하다고 볼 수도 있겠습니다. 이것은 손자의 이야기이고요, 우리는 사람의 마음을 잘 관리해야 한다는 교훈을 얻을 수 있겠습니다.

非 仁 義 不 能 使 間 │ 非 微 妙

아닐 어질 옳을 아닐 능할 하여금 사이 ┃ 아닐 작을 묘할
비 인 의 불 능 사 간 ┃ 비 미 묘

ㄴ인의가 아니면 ㄴ할 수 없다 ㄴ첩자를 부릴 수 ㄴ아니면 ㄴ미묘함이

不 能 得 間 之 實 │ 微 哉 微 哉

아닐 능할 얻을 사이 조사 열매 ┃ 작을 조사 작을 조사
불 능 득 간 지 실 ┃ 미 재 미 재

ㄴ할 수 없다 ㄴ얻다 ㄴ첩자의 ㄴ열매 ㄴ미묘하고 ㄴ미묘하다!

無 所 不 用 間 也 │ 間 事 未 發

없을 바 아닐 쓸 사이 조사 ┃ 사이 일 아닐 쏠
무 소 불 용 간 야 ┃ 간 사 미 발

ㄴ바가 없구나 ㄴ쓰지 않는 ㄴ첩자를 ㄴ첩자의 일은 ㄴ출발하지 않았는데

而 先 聞 者 │ 間 與 所 告 者 皆 死

접속사 먼저 들을 사람 ┃ 사이 더불 바 알릴 사람 모두 죽을
이 선 문 자 ┃ 간 여 소 고 자 개 사

ㄴ먼저 ㄴ들리는 자는 ㄴ첩자와 더불어 ㄴ알리는 자 ㄴ모두 죽는다

凡 軍 之 所 欲 擊 │ 城 之 所 欲

무릇 군사 조사 바 하고자할 칠 ┃ 성 조사 바 하고자할
범 군 지 소 욕 격 ┃ 성 지 소 욕

ㄴ무릇 ㄴ군사를 ㄴ치고자 하는 바 ㄴ성을 ㄴ하는 바

攻 │ 人 之 所 欲 殺 │ 必 先 知

칠 ┃ 사람 조사 바 하고자할 죽일 ┃ 반드시 먼저 알
공 ┃ 인 지 소 욕 살 ┃ 필 선 지

ㄴ공격하고자 ㄴ사람을 ㄴ죽이고자 하는 바 ㄴ반드시 ㄴ먼저 알아야

其 守 將 左 右 謁 者 門 者 │ 舍 人

그 지킬 장수 왼 오른 아뢸 사람 문 사람 ┃ 집 사람
기 수 장 좌 우 알 자 문 자 ┃ 사 인

ㄴ그 지키는 장수 ㄴ좌우에 선자 ㄴ아뢰는 자 ㄴ문 지키는 자 ㄴ집에 있는 사람

之 姓 名 │ 令 吾 間 必 索 知 之

조사 성 이름 ┃ 영 나 사이 반드시 찾을 알 조사
지 성 명 ┃ 영 오 간 필 색 지 지

ㄴ의 ㄴ이름을 ㄴ명령해서 ㄴ내 첩자에게 ㄴ반드시 ㄴ찾아 알아야 한다

　인의(仁義)가 아니면 첩자를 부릴 수 없고 미묘하지 않으면 첩자의 성과를 얻을 수 없다. 미묘하고 미묘하다! 첩자를 사용하지 않는 바가 없구나! 첩자의 일은 출발하지 않았는데 먼저 소문이 돌면 첩자와 더불어 연락에 관여한 사람 모두 죽는다. 무릇 군사를 치고자 하고, 성을 공격하고자 하고, 사람을 죽이고자 하면 반드시 먼저 그 지키는 장수, 좌우에 선자, 아뢰는 자, 문지기 등 사람들의 성명을 다 알아야 한다. 나의 첩자에게 명하여 그것을 찾아내게 한다.

한번 더 생각해보기

어떤 작전을 시작하기 전에 그것에 대한 정보수집은 필수적입니다. 계획을 수립할 때부터 정보 판단이 되어야 계획을 수립할 수 있다고 했지요. 그리고 실제 시행에 옮길 때가 더 중요합니다. 왜냐하면 실제 시행되는 모습은 우리가 판단 했던 적의 모습과는 다를 수 있기 때문입니다.

계획수립 때와 실제 정보 판단이 바뀌지 않으면 가장 좋겠지요. 그러나 계획수립 단계에서 참고했던 정보 판단은 판단일 뿐입니다. 실제 나타나는 모습이 그와 같다고 장담할 수 없지요.

계획은 작전 참가 부대와 사람들이 동일한 상황을 인식하고, 임무 분담을 조직적으로 할 수 있게 해줍니다. 계획단계에서 치밀하게 계획을 수립하지만, 실시 단계에서 계획만 믿고 그대로 하려 해서도 안 됩니다. 그러기 위해서 첩자의 역할은 계획수립에도, 실시에도 중요한 역할을 한다고 봐야겠지요.

必 索 敵 間 之 來 間 我 者 ｜ 因 而
반드시 찾을 원수 사이 조사 올 사이 나 사람 인할 접속사
필 색 적 간 지 래 간 아 자 인 이
└반드시 └찾으면 └적의 첩자가 └온 것 └첩자로 └나에게 └이로 인하여

利 之 ｜ 導 而 舍 之 ｜ 故 反 間
이로울 조사 이끌 접속사 집 조사 옛 되돌릴 사이
리 지 도 이 사 지 고 반 간
└이롭게 하고 └이끌어 └집에 있게하면 └그래서 └반간을

可 得 而 用 也 ｜ 因 是 而 知 之
옳을 얻을 접속사 쓸 조사 인할 옳을 접속사 알 조사
가 득 이 용 야 인 시 이 지 지
└얻어 └이용한다 └인하여 └이로 └알 수 있다

故 鄕 間 內 間 可 得 而 使 也
옛 시골 사이 안 사이 옳을 얻을 접속사 하여금 조사
고 향 간 내 간 가 득 이 사 야
└향간과 └내간이 └가히 얻어 └부릴 수 있다

因 是 而 知 之 ｜ 故 死 間 爲 誑 事
인할 옳을 접속사 알 조사 옛 죽을 사이 할 속일 일
인 시 이 지 지 고 사 간 위 광 사
└인하여 └이로 └알 수 있다 └사간이 └한다 └속임 └일을

可 使 告 敵 ｜ 因 是 而 知 之
옳을 하여금 알릴 원수 인할 옳을 접속사 알 조사
가 사 고 적 인 시 이 지 지
└가히 └하여금 └적에게 알림 └인하여 └이로 └알 수 있다

故 生 間 可 使 如 期
옛 날 사이 옳을 하여금 같을 기약할
고 생 간 가 사 여 기
└그래서 └생간이 └가히 하여금 └기약할 수 있다

　적의 첩자가 나에게 온 것을 알면 그를 이롭게 하고 집으로 유도해 머물게 하여 반간으로 획득하고 이용한다. 그를 통해 알 수 있는 것이, 향간과 내간을 얻어 부릴 수 있다. 그를 통해 할 수 있는 것이, 사간이 일을 속일 수 있고 가히 적에게 알릴 수 있다. 그를 통해 알 수 있는 것이, 생간이 (돌아올) 기약을 할 수 있다.

한번 더 생각해보기

반간은 요즘 말로 하면 이중 스파이입니다. 우리나라에 온 적의 첩자를 잘 대해주어서 마음을 돌리게 하면 우리나라의 반간으로 사용할 수 있다는 것이지요. 반간을 통해 아는 사람 중 지역민이나 적국의 관리를 소개받아 첩자로 이용합니다. 그뿐 아니라 사간이 일을 속여 거짓 정보를 흘리는 것도 할 수 있고, 생간이 돌아올 시기를 전하는 것도 반간의 역할입니다. 모든 것이 반간으로부터 시작되는군요.

五 間 之 事
다섯 사이 조사 일
오 간 지 사
ㄴ다섯 첩자의 ㄴ일이

主 必 知 之
주인 반드시 알 조사
주 필 지 지
ㄴ임금이 반드시 ㄴ알아야 한다

知 之
알 조사
지 지
ㄴ아는 것은

必 在 於 反 間
반드시 있을 조사 되돌릴 사이
필 재 어 반 간
ㄴ반드시 ㄴ있다 ㄴ반간에

故 反 間
옛 되돌릴 사이
고 반 간
ㄴ그래서 ㄴ반간은

不 可
아닐 옳을
불 가
ㄴ~할 수 없다

不 厚 也
아닐 두터울 조사
불 후 야
ㄴ두텁지 않을

昔 殷 之 興 也
옛 은나라 조사 일어날 조사
석 은 지 흥 야
ㄴ옛날에 ㄴ은나라가 ㄴ흥했을 때

伊 摯
저 잡을
이 지
ㄴ이지(사람이름)가

在 夏
있을 하나라
재 하
ㄴ하나라에 있었다

周 之 興 也
주나라 조사 일어날 조사
주 지 흥 야
ㄴ주나라가 ㄴ흥할 때

呂 牙 在 殷
음률 어금니 있을 은나라
여 아 재 은
ㄴ여아(사람이름)가 ㄴ은나라에 있었다

故 明 君 賢 將
옛 밝을 임금 어질 장수
고 명 군 현 장
ㄴ그래서 ㄴ명석한 임금과 ㄴ현명한 장수는

能 以 上 智 爲
능할 씨 윗 지혜 할
능 이 상 지 위
ㄴ능히 ㄴ높은 지혜로써 ㄴ한다

間 者
사이 사람
간 자
ㄴ첩자를 운용

必 成 大 功
반드시 이룰 큰 공
필 성 대 공
ㄴ반드시 ㄴ이룬다 ㄴ큰 공을

此 兵 之
이 군사 조사
차 병 지
ㄴ이것이 ㄴ군사 운용의

要
구할
요
ㄴ요체요

三 軍 之 所 恃 而 動 也
셋 군사 조사 바 믿을 접속사 움직일 조사
삼 군 지 소 시 이 동 야
ㄴ삼군이 ㄴ~하는 바 ㄴ믿고 ㄴ움직이는

다섯 첩자의 일을 임금이 반드시 알아야 한다. 아는 것은 반드시 반간으로부터 알아야 한다. 그래서 반간을 대하는 것은 후하지 않을 수 없다. 옛날에 은나라가 흥할 때, 이지(伊摯)가 하나라에 있었고, 주나라가 흥할 때, 여아(呂牙)가 은나라에 있었다. 그래서 명석한 임금과 현명한 장수는 능히 상책의 지혜를 써서 첩자를 운용하고 큰 공을 이룬다. 이것이 군사 운용의 요체이고, 삼군이 믿고 움직이는 바이다.

한번 더 생각해보기

이제 마지막까지 다 읽으셨네요. 어떠셨습니까? 쉽지 않은 여정이었겠지요. 그러나 손자병법 원문을 직접 읽고 해석했다는 그것 하나만으로도 참 대단한 일을 하셨다고 말씀드리고 싶네요. 원문을 소리 내서 반복하면서 읽으면 그만큼 빨리 습득되고, 머릿속에 반복되는 횟수만큼 자기 신념이 깃들면서 각자의 세(勢)가 발휘될겁니다.

원문을 소리 내서 반복하여 읽으면 독음에 익숙해지게 되는데, 그러면 한자를 전부 알지 않아도 독음을 통해 뜻을 해석 할 수도 있습니다.

이래저래 한자에 접근하는 방법으로 원문을 읽는 것이 좋은 방법이라고 말씀드리고, 특히 군인에게는 손자병법을 그러한 방법으로 공부하시기를 권장합니다. 그래서 모든 분이 원문을 스스로 읽고 해석할 수 있는 능력을 갖추기바랍니다.

孫子兵法 用間篇 第十三 挑戰!

孫子曰 凡興師十萬 出征千里 百姓之費 公家之奉

日費千金 內外騷動 怠於道路 不得操事者 七十萬家

相守數年 以爭一日之勝 而愛爵祿百金 不知敵之情者

不仁之至也 非人之將也 非主之佐也 非勝之主也

故明君賢將 所以動而勝人 成功出於眾者 先知也 先知者

不可取於鬼神 不可象於事 不可驗於度 必取於人

知敵之情者也 故用間有五 有鄉間 有內間 有反間 有死間

有生間 五間俱起 莫知其道 是謂神紀 人君之寶也

鄉間者 因其鄉人而用之 內間者 因其官人而用之 反間者

因其敵間而用之 死間者 爲誑事於外 令吾間知之

而傳於敵間也 生間者 反報也 故三軍之事 莫親於間

賞莫厚於間 事莫密於間 非聖智不能用間 非仁義不能使間

非微妙不能得間之實 微哉微哉 無所不用間也

間事未發而先聞者 間與所告者皆死 凡軍之所欲擊

城之所欲攻 人之所欲殺 必先知其守將左右謁者門者

舍人之姓名 令吾間必索知之 必索敵間之來間我者

因而利之 導而舍之 故反間 可得而用也 因是而知之

故鄉間內間可得而使也 因是而知之 故死間爲誑事

可使告敵 因是而知之 故生間可使如期 五間之事

主必知之 知之必在於反間 故反間 不可不厚也

昔殷之興也 伊摯在夏 周之興也 呂牙在殷 故明君賢將

能以上智爲間者 必成大功 此兵之要 三軍之所恃而動也

筆　記

권선복 | 도서출판 행복에너지

손자병법의 원문을 읽고 해석할 수 있는 능력을 키워 주는 책

『손자병법』은 단순히 전쟁에서 이기는 법을 다룬 전략, 전술서가 아닙니다. 이 책은 전쟁이란 본질적으로 무엇인지, 전쟁을 대하는 군주의 자세는 어떠해야 하는지, 전쟁에서 승리하고 백성을 지키는 군주와 장군은 어떤 존재인지 등을 폭넓게 다루고 있는 군사학 총론입니다. 또한 당시 시대의 정치, 사회, 철학을 반영하고 있는 동양 최고의 인문고전 중 하나입니다.

이렇게 『손자병법』이 가진 인문학적 가치는 이미 널리 알려져 있기에 이에 대한 해설서 역시 이미 많은 수가 시중에 나와 있습니다. 하지만 이 책 『원문으로 읽는 손자병법 이야기』를 쓴 채일주 저자는 "많은 독자들이 손자병법의 원문을 직접 읽어보기를 바라는 마음으로 이 책을 썼다" 고 이야기합니다. 뜻을 표현하는 문자인 한자의 특성상 타인의 해설을 읽는 것과, 직접 원문을 보고 자신 나름대로 문장의 뜻을 파악해 나가는 것은 분명히 차이가 있을 수밖에 없기 때문입니다.

이러한 채일주 저자의 신념에 맞춰 이 책은 『손자병법』의 원문을 한 글자, 한 글자의 뜻부터, 구절별 뜻, 문장의 뜻을 일일이 설명하고 있습니다. 또한 최소한의 해석을 제공해서 독자가 원문을 보면서 스스로 읽고 해석할 수 있게 하는 데에 초점을 맞추고 있는 점이 특징입니다. 이렇게 저자의 번역과 해설은 원문을 방해하지 않는 수준으로 첨가되고, '한번 더 생각해보기'란을 통해 현대를 살아가는 우리들이 『손자병법』을 어떻게 받아들이고 삶에 적용해 나가야 하는지 고민할 수 있도록 돕고 있습니다.

이 책 『원문으로 읽는 손자병법 이야기』를 쓴 채일주 저자는 육군사관학교를 졸업하여 중부전선 GOP 대대장, 동부전선 GOP연대장, 육군대학 전술담임교관, 사단 및 군단 참모, 국방대 안보과정을 거친 베테랑 장교로서 다양한 전술연구를 지속하는 한편, 『누구나 알 수 있는 전술이야기』, 『군생활의 리더십 이야기』 등의 저서를 통해 일반 독자들에게도 와닿을 수 있는 조직생활의 리더십과 전략전술을 응용한 인생의 지혜를 이야기한 바 있습니다.

채일주 저자의 『원문으로 읽는 손자병법 이야기』가 널리 읽혀서 강인한 리더십과 삶의 지혜, 애국애족하는 안보의식이 많은 독자들에게 잘 전해지기를 희망합니다.

권선복

충남 논산 출생
아주대학교 공공정책대학원 졸업
연세대학교 산학연 기술개발센터 자문위원
중앙대학교 총동창회 상임이사
자랑스러운 서울 시민상 수상
2018년 TV조선선정 대한민국을 움직이는 영향력 있는 CEO
도서출판 행복에너지 대표이사 happybook.or.kr
지에스데이타(주) 대표이사 gsdata.co.kr
대통령직속 지역발전위원회 문화복지 전문위원
새마을문고 서울시 강서구 회장
영상고등학교 운영위원장
전) 서울시 강서구의회의원(도시건설위원장)
전) 팔팔컴퓨터전산학원장

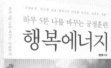

자신의 책을 세상에 내고 싶다는
작은 소망은 도서출판 행복에너지의
창립으로 이어졌다.
7년여 만에 600여 종에 달하는
도서를 출간한 중견 출판사로
회사를 발전시켰다.

행복을 부르는 주문

- 권선복

이 땅에 내가 태어난 것도
당신을 만나게 된 것도
참으로 귀한 인연입니다

우리의 삶 모든 것은
마법보다 신기합니다
주문을 외워보세요

나는 행복하다고
정말로 행복하다고
스스로에게 마법을 걸어보세요

정말로 행복해질것입니다
아름다운 우리 인생에
행복에너지 전파하는 삶 만들어나가요

더 밝은 내일

긍정의 힘

- 권선복

우리마음에 긍정의 힘을 심는다면
힘겹고 고된 길 가더라도 두렵지 않습니다.

그 어떤 아픔과 절망이 밀려오더라도
긍정의 힘이 버팀목 되어 줄 것입니다.

지금 당신에게 드리겠습니다.
열린 마음으로 받아들일 수 있는 긍정의 힘.
두 팔 활짝 벌려 받아주세요.

당신의 마음에 심어진 긍정의 힘이
행복에너지로 무럭무럭 자라날 것입니다.

아름다운 사람

- 권선복

아름다운 사람이 되고 싶습니다
내가 말한 말 한마디에
모두가 빙그레 미소 지을 수 있는 힘을 가진
아름다운 사람이 되고 싶습니다.

내가 보인 작은 베풂에
모두가 행복해할 수 있는
선한 영향력을 가진
아름다운 사람이 되고 싶습니다.

말보다 행동보다
모두에게 진정으로 내보일 수 있는
아이같은 순수함을 지닌
아름다운 사람이 되고 싶습니다.

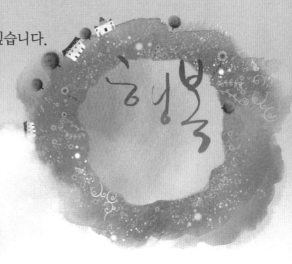

'행복에너지'의 해피 대한민국 프로젝트!

〈모교 책 보내기 운동〉 〈군부대 책 보내기 운동〉

한 권의 책은 한 사람의 인생을 바꾸는 힘을 가지고 있습니다. 한 사람의 인생이 바뀌면 한 나라의 국운이 바뀝니다. 그럼에도 불구하고 많은 학교의 도서관이 가난하며 나라를 지키는 군인들은 사회와 단절되어 자기계발을 하기 어렵습니다. 저희 행복에너지에서는 베스트셀러와 각종 기관에서 우수도서로 선정된 도서를 중심으로 〈모교 책 보내기 운동〉과 〈군부대 책 보내기 운동〉을 펼치고 있습니다. 책을 제공해 주시면 수요기관에서 감사장과 함께 기부금 영수증을 받을 수 있어 좋은 일에 따르는 적절한 세액 공제의 혜택도 뒤따르게 됩니다. 대한민국의 미래, 젊은이들에게 좋은 책을 보내주십시오. 독자 여러분의 자랑스러운 모교와 군부대에 보내진 한 권의 책은 더 크게 성장할 대한민국의 발판이 될 것입니다.

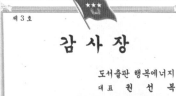